N° D'ORDRE
177

THÈSES

PRÉSENTÉES

A LA FACULTÉ DES SCIENCES DE PARIS

POUR OBTENIR

LE GRADE DE DOCTEUR ÈS SCIENCES MATHÉMATIQUES,

Par J. SORNIN,

Ancien élève de l'École Normale, agrégé pour les sciences mathématiques, professeur de mathématiques spéciales au Lycée impérial de Toulouse.

THÈSE DE MÉCANIQUE : MOUVEMENT, DANS UN MILIEU RÉSISTANT, D'UN POINT MATÉRIEL ATTIRÉ PAR UN CENTRE FIXE.

THÈSE D'ASTRONOMIE : DE LA FIGURE DE L'ANNEAU DE SATURNE.

Soutenues le 10 Juillet 1854, devant la Commission d'examen.

MM. DUHAMEL, PRÉSIDENT.
LAMÉ,
DELAUNAY, } EXAMINATEURS.

TOULOUSE,
DELSOL, IMPRIMEUR-LIBRAIRE,
RUE CROIX-BARAGNON, 18.

1854

N° D'ORDRE
176

THÈSES

PRÉSENTÉES

A LA FACULTÉ DES SCIENCES DE PARIS

POUR OBTENIR

LE GRADE DE DOCTEUR ÈS SCIENCES MATHÉMATIQUES,

Par J. SORNIN,

Ancien élève de l'École Normale, agrégé pour les sciences mathématiques, professeur de mathématiques spéciales au Lycée impérial de Toulouse.

THÈSE DE MÉCANIQUE : MOUVEMENT, DANS UN MILIEU RÉSISTANT, D'UN POINT MATÉRIEL ATTIRÉ PAR UN CENTRE FIXE.

THÈSE D'ASTRONOMIE : DE LA FIGURE DE L'ANNEAU DE SATURNE.

Soutenues le Juillet 1854, devant la Commission d'examen.

MM. DUHAMEL, PRÉSIDENT.
LAMÉ,
DELAUNAY, } EXAMINATEURS.

TOULOUSE,
DELSOL, IMPRIMEUR-LIBRAIRE,
RUE CROIX-BARAGNON, 18.

1854

ACADÉMIE DÉPARTEMENTALE DE LA SEINE.

FACULTÉ DES SCIENCES DE PARIS.

Doyen.	MILNE EDWARDS, professeur.	Zoologie, Anatomie, Physiologie.
Professeurs honoraires.	Le baron THÉNARD.	
	BIOT.	
	MIRBEL.	
	PONCELET.	
Professeurs.	CONSTANT PREVOST.	Géologie.
	DUMAS.	Chimie.
	DESPRETZ.	Physique.
	STURM.	Mécanique.
	DELAFOSSE.	Minéralogie.
	BALARD.	Chimie.
	LEFÉBURE DE FOURCY.	Calcul différentiel et intégral.
	CHASLES.	Géométrie supérieure.
	LE VERRIER.	Astronomie physique.
	DUHAMEL.	Algèbre supérieure.
	GEOFFROY-SAINT-HILAIRE.	Anatomie, Physiologie comparée. Zoologie.
	LAMÉ.	Calcul des probabilités, Physique mathématique.
	DELAUNAY.	Mécanique physique.
	PAYER.	Organographie végétale
	N.	Astronomie mathématique et Mécanique céleste.
	P. DESAINS.	Physique.
	C. BERNARD.	Physiologie générale.
Agrégés.	MASSON.	Sciences physiques.
	PELIGOT.	
	BERTRAND.	Sciences mathématiques.
	J. VIEILLE.	
	DUCHARTRE.	Sciences naturelles.
Secrétaire.	E. P. REYNIER.	

THÈSE DE MÉCANIQUE.

MOUVEMENT, DANS UN MILIEU RÉSISTANT, D'UN POINT MATÉRIEL ATTIRÉ PAR UN CENTRE FIXE.

INTRODUCTION.

Je me propose de déterminer le mouvement d'un point matériel attiré par un centre fixe, suivant une fonction de la distance, dans un milieu homogène dont la résistance est une fonction de la vitesse du mobile.

Les mêmes calculs peuvent donner les circonstances du mouvement quelles que soient la loi de l'attraction et la loi de la résistance, mais pour me rapprocher des phénomènes naturels, j'ai examiné spécialement :

1º Le cas où l'attraction du centre fixe est proportionnelle à la distance. Ce cas se présente dans le mouvement d'un point matériel dans une sphère fluide dont toutes les molécules l'attireraient suivant la loi de la gravitation universelle.

2º Le cas où l'attraction est en raison inverse du carré de la distance. Les résultats s'appliquent immédiatement au mouvement des Planètes et des Comètes, si on les suppose plongées dans un milieu résistant homogène.

3º Le cas où le centre fixe est assez éloigné de tous les points de la trajectoire, pour qu'on puisse regarder son action comme constante de grandeur et de direction. Tel serait le mouvement d'un corps lancé obliquement à une petite distance de la surface de la terre, et qui s'en éloignerait peu.

Dans chacun de ces trois cas, j'ai examiné l'hypothèse de la résistance proportionnelle à la vitesse et celle de la résistance proportionnelle au carré de la vitesse.

J'ai eu pour vérifier mes calculs dans le second cas, et dans l'hypothèse de la résistance proportionnelle au carré de la vitesse, les résultats donnés par Lagrange, Laplace, Poisson, dans leurs traités de Mécanique. Mais ces illustres géomètres ont voulu, soit envisager le problème comme un cas particulier d'un autre beaucoup plus général, soit établir seulement les conséquences extrêmes du mouvement des Planètes dans un milieu résistant, tandis qu'en le traitant directement, j'ai pu le présenter d'une façon plus simple et avec tous les développements nécessaires.

Pour le troisième cas, je suis aussi parvenu aux résultats trouvés par Poisson ; mais en suivant une autre marche qui a l'avantage de s'appliquer commodément aux diverses hypothèses que l'on peut faire sur la résistance du milieu.

ÉQUATIONS DIFFÉRENTIELLES DU MOUVEMENT.

La trajectoire aura lieu dans le plan qui passe par le centre fixe et la direction de la vitesse initiale.

Prenons ce plan pour plan des coordonnées et le centre attirant pour origine.

Soient x, y les coordonnées du mobile au bout du temps t, v sa vitesse, r et θ le rayon vecteur et l'angle qu'il fait avec l'axe des x positives.

Représentons par $\varphi(r)$ la force accélératrice du mobile à la distance r, et par $f(v)$ la force accélératrice due à la résistance du milieu.

Les équations différentielles du mouvement sont :

$$\frac{d^2x}{dt^2} = -\varphi(r)\frac{x}{r} - f(v)\frac{dx}{ds}$$

$$\frac{d^2y}{dt^2} = -\varphi(r)\frac{y}{r} - f(v)\frac{dy}{ds}$$

Ou en remplaçant ds par vdt

$$\frac{d^2x}{dt^2} + \frac{f(v)}{v}\frac{dx}{dt} + \frac{\varphi(r)}{r}x = 0 \quad \ldots\ldots \quad (1)$$

$$\frac{d^2y}{dt^2} + \frac{f(v)}{v}\frac{dy}{dt} + \frac{\varphi(r)}{r}y = 0 \quad \ldots\ldots \quad (2)$$

Et il faut joindre à ces équations les relations

$$v^2 = \frac{dx^2}{dt^2} + \frac{dy^2}{dt^2} = \frac{dr^2}{dt^2} + r^2\frac{d\theta^2}{dt^2}$$

$$x = r\cos\theta \qquad y = r\sin\theta \qquad r^2 = x^2 + y^2.$$

Ces deux équations différentielles conduisent à deux autres que nous emploierons de préférence.

Multiplions l'équation (1) par y, l'équation (2) par x, et retranchons la seconde de la première, il vient :

$$y\frac{d^2x}{dt^2} - x\frac{d^2y}{dt^2} + \frac{f(v)}{v}\left(y\frac{dx}{dt} - x\frac{dy}{dt}\right) = 0$$

Ou si on désigne par λ l'aire décrite par le rayon vecteur dans le temps t,

$$\frac{d^2\lambda}{dt^2} + \frac{f(v)}{v}\frac{d\lambda}{dt} = 0 \quad \ldots\ldots\ldots \quad (3)$$

En multipliant les équations (1), (2) par $\frac{dx}{dt}$, $\frac{dy}{dt}$ et les ajoutant membre à membre, on a, en tenant compte des relations précédemment citées :

$$\frac{d.v^2}{dt} + 2\,v\,f(v) + 2\,\varphi\,(r)\,\frac{dr}{dt} = o \quad . \quad . \quad . \quad . \qquad (4)$$

On peut déduire de l'équation (3) que les aires décrites par le rayon vecteur, dans le même temps, sont moindres dans le milieu résistant qu'elles ne le seraient dans le vide.

Considérons, en effet, au même instant, deux mobiles occupant la même place dans l'espace, et ayant la même vitesse de grandeur et de direction, mais le premier se mouvant dans le vide, le second dans le milieu. On aura pour le premier en faisant $f(v) = 0$ dans l'équation (3) et en désignant par λ' les aires correspondantes au temps t,

$$\lambda' = \tfrac{1}{2}\ C' t,$$

C' étant une constante déterminée par la valeur initiale de $\frac{d\lambda'}{dt}$ ou de

$$y_0 \frac{dx_0}{dt} - x_0 \frac{dy_0}{dt}.$$

Pour le second mobile, on aura :

$$\lambda = \tfrac{1}{2}\, C' \int_0^t e^{-\int_0^t \frac{f(v)}{v} dt}\, dt$$

C' ayant la même valeur dans les deux expressions.

Or, soit A la plus petite valeur que prend $\frac{f(v)}{v}$ de o à t, on aura :

$$\int_0^t \frac{f(v)}{v}\, dt > At \quad \text{et par suite}$$

$$\int_0^t e^{-\int_0^t \frac{f(v)}{v} dt}\, dt < \int_0^t e^{-At}\, dt$$ et puisque, quelque soit t, e^{-At} est toujours < 1 on a : $\int_0^t e^{-At}\, dt < t$ et par conséquent :

$\lambda < \frac{1}{2}\ C' t$ ou $\lambda < \lambda'$, ce qu'il fallait démontrer.

EXPOSÉ DE LA MÉTHODE GÉNÉRALE POUR DÉTERMINER LE MOUVEMENT DANS UN MILIEU RÉSISTANT.

La méthode générale pour déterminer le mouvement du mobile dans un milieu résistant, consiste à intégrer d'abord les équations (3) (4) dans le cas de $f(v) = 0$, c'est-à-dire en supposant que le mouvement a lieu dans le vide, ce qui donne :

$$\frac{d\lambda}{dt} = \frac{1}{2} C \quad \ldots \quad (5)$$

$$v^2 = -2\int \varphi(r)\, dr + 2H \quad \ldots \quad (6)$$

D'où l'on déduit

$$t - \tau = \int \frac{\pm\, r dr}{\sqrt{-2r^2 \int \varphi(r)\, dr + 2Hr^2 - C^2}} \quad \ldots \quad (7)$$

$$\theta - \omega = \int \frac{\pm\, C\, dr}{r\sqrt{-2r^2 \int \varphi(r)\, dr + 2Hr^2 - C^2}} \quad \ldots \quad (8)$$

C, H, τ, ω étant 4 constantes arbitraires.

Les équations (7) (8) sont les intégrales générales des équations (3) (4) pour $f(v) = 0$. Elles déterminent complétement le mouvement dans le vide. Représentons-les ainsi :

$$t - \tau = F(r, C, H) \quad \ldots \quad (9)$$

$$\theta - \omega = F_1(r, C, H) \quad \ldots \quad (10)$$

On passera alors, du mouvement dans le vide, au mouvement dans le milieu, en regardant les constantes C, H, τ, ω comme remplacées par des fonctions du temps que l'on déterminera de manière à satisfaire généralement aux équations (3) et (4).

Différentions donc les équations (9) (10) en faisant varier C, H, τ, ω, il vient :

$$1 - \frac{d\tau}{dt} = \frac{dF}{dr}\frac{dr}{dt} + \frac{dF}{dC}\frac{dC}{dt} + \frac{dF}{dH}\frac{dH}{dt}$$

$$\frac{d\theta}{dt} - \frac{d\omega}{dt} = \frac{dF_1}{dr}\frac{dr}{dt} + \frac{dF_1}{dC}\frac{dC}{dt} + \frac{dF_1}{dH}\frac{dH}{dt}$$

On pourrait tirer de ces équations $\frac{dr}{dt}$ et $\frac{d\theta}{dt}$, en conclure $\frac{d\lambda}{dt}$ et v^2 et par différentiation $\frac{d^2\lambda}{dt^2}$, $\frac{d.v^2}{dt}$, mais comme la substitution des valeurs de v et de

$\frac{d\lambda}{dt}$, $\frac{d^2\lambda}{dt^2}$, $\frac{dr}{dt}$, $\frac{d.v^2}{dt}$ dans les équations (3) (4) ne donnera que deux équations simultanées entre les 4 inconnues C, H, τ, ω, on pourra assujettir celles-ci à deux équations de condition. On choisit ces conditions de façon que $\frac{dr}{dt}$ et $\frac{d\theta}{dt}$ aient la même expression que dans le vide, c'est-à-dire que l'on pose :

$$-\frac{d\tau}{dt}=\frac{dF}{dC}\frac{dC}{dt}+\frac{dF}{dH}\frac{dH}{dt} \quad \ldots\ldots\ldots \quad (11)$$

$$-\frac{d\omega}{dt}=\frac{dF_1}{dC}\frac{dC}{dt}+\frac{dF_1}{dH}\frac{dH}{dt} \quad \ldots\ldots\ldots \quad (12)$$

Et les équations qui donnent $\frac{dr}{dt}$, $\frac{d\theta}{dt}$ doivent être équivalentes aux intégrales premières (5) (6), ce qu'il est d'ailleurs facile de vérifier.

Différentions donc (5) (6), il vient :

$$\frac{d^2\lambda}{dt^2}=\frac{1}{2}\frac{dC}{dt}$$

$$\frac{d.v^2}{dt}=-2\varphi(r)\frac{dr}{dt}+2\frac{dH}{dt}$$

Et en substituant ces valeurs dans (3) et (4) on a :

$$\frac{dC}{dt}+C\frac{f(v)}{v}=0 \quad \ldots\ldots\ldots \quad (13)$$

$$\frac{dH}{dt}+v\,f(v)=0 \quad \ldots\ldots\ldots \quad (14)$$

Les équations (13) (14) font connaître $\frac{dC}{dt}$, $\frac{dH}{dt}$; en les substituant dans (11) (12), ou aura $\frac{d\tau}{dt}$, $\frac{d\omega}{dt}$; ainsi on pourra déterminer à chaque instant les valeurs des variables C, H, τ, ω, ou des éléments de la trajectoire qui en dépendent. Le mouvement dans le milieu résistant sera donc entièrement déterminé.

Il peut être utile de considérer dans les calculs une variable auxiliaire u qui sert à établir la relation entre t, θ, r.

Soit généralement

$$t-\tau=\psi(u, C, H) \quad \ldots\ldots\ldots \quad (15)$$

$$u=\psi_1(r, C, H) \quad \ldots\ldots\ldots \quad (16)$$

On aura, en différentiant,

$$1-\frac{d\tau}{dt}=\frac{d\psi}{du}\frac{du}{dt}+\frac{d\psi}{dC}\frac{dC}{dt}+\frac{d\psi}{dH}\frac{dH}{dt}$$

$$\frac{du}{dt}=\frac{d\psi_1}{dr}\frac{dr}{dt}+\frac{d\psi_1}{dC}\frac{dC}{dt}+\frac{d\psi_1}{dH}\frac{dH}{dt}$$

De sorte que la première de ces équations devient :

$$1-\frac{d\tau}{dt}=\frac{d\psi}{du}\left[\frac{d\psi_1}{dr}\frac{dr}{dt}+\frac{d\psi_1}{dC}\frac{dC}{dt}+\frac{d\psi_1}{dH}\frac{dH}{dt}\right]+\frac{d\psi}{dC}\frac{dC}{dt}+\frac{d\psi}{dH}\frac{dH}{dt}$$

On pose alors l'équation de condition :

$$-\frac{d\tau}{dt}=\frac{d\psi}{du}\left[\frac{d\psi_1}{dC}\frac{dC}{dt}+\frac{d\psi_1}{dH}\frac{dH}{dt}\right]+\frac{d\psi}{dC}\frac{dC}{dt}+\frac{d\psi}{dH}\frac{dH}{dt}$$

La quantité entre crochets est $\frac{du}{dt}$ obtenue sans faire varier r ; nous le désignerons par $\left[\frac{du}{dt}\right]$, et l'on aura :

$$-\frac{d\tau}{dt}=\frac{d\psi}{du}\left[\frac{du}{dt}\right]+\frac{d\psi}{dC}\frac{dC}{dt}+\frac{d\psi}{dH}\frac{dH}{dt}$$

D'où l'on voit qu'il faudra dans la relation (15) négliger les termes où les constantes arbitraires n'ont pas varié, mais en conservant le terme en $\left[\frac{du}{dt}\right]$. On éliminera d'ailleurs cette quantité à l'aide de l'équation (16) différentiée sans faire varier r.

On peut faire une remarque toute semblable pour la détermination de $\frac{d\omega}{dt}$.

Nous allons maintenant étudier plus complétement le mouvement en donnant une valeur à $\varphi(r)$.

Nous supposerons 1° $\varphi(r)=\mu r$, c'est-à-dire l'attraction proportionnelle à la distance,

2° $\varphi(r)=\frac{\mu}{r^2}$, c'est-à-dire l'attraction en raison inverse du carré de la distance.

μ désignera, dans les deux cas, l'intensité de la force accélératrice qui sollicite le mobile à l'unité de distance. Ainsi l'on a : $\mu = f(M+m)$, M et m étant les masses du centre attirant et du mobile, f l'attraction mutuelle de deux unités de masse placées à l'unité de distance, quantité que l'on déterminera par l'expérience, dans chacune des hypothèses où l'on se placera.

I. — ATTRACTION PROPORTIONNELLE A LA DISTANCE.

§ 1. — Mouvement dans le vide.

En faisant $\varphi(r) = \mu r$ dans les équations (5) (6) (7) (8), elles deviennent

$$\frac{d\lambda}{dt} = \frac{1}{2} C$$

$$v^2 = -\mu r^2 + 2H$$

$$t - \tau = \int \frac{\pm\, r dr}{\sqrt{-\mu r^4 + 2Hr^2 - C^2}}$$

$$\theta - \omega = \int \frac{\pm\, C dr}{r\sqrt{-\mu r^4 + 2Hr^2 - C^2}}$$

On effectue ces deux quadratures, et on voit que dans toute l'étendue du mouvement, les intégrales générales sont :

$$\mu r^2 = H + \sqrt{H^2 - \mu C^2} - 2\sqrt{H^2 - \mu C^2}\, cos^2\, (t - \tau)\sqrt{\mu},$$

$$r^2 = \frac{\dfrac{C^2}{H + \sqrt{H^2 - \mu C^2}}}{1 - \dfrac{2\sqrt{H^2 - \mu C^2}}{H + \sqrt{H^2 - \mu C^2}}\, cos^2\, (\theta - \omega)}$$

Cette dernière équation est celle de la Trajectoire ; elle représente une ellipse rapportée à son centre et dans laquelle ω désignerait l'angle que fait le grand axe avec l'axe polaire.

L'équation générale de ces ellipses, en désignant par a le demi grand axe et par e l'excentricité, est :

$$r^2 = \frac{a^2\,(1 - e^2)}{1 - e^2\, cos^2\, (\theta - \omega)}$$

On doit donc avoir les relations suivantes :

$$\frac{C^2}{H + \sqrt{H^2 - \mu C^2}} = a^2\,(1 - e^2)$$

$$\frac{2\sqrt{H^2 - \mu C^2}}{H + \sqrt{H^2 - \mu C^2}} = e^2$$

d'où l'on tire :

$$C^2 = \mu a^4 (1-e^2) \quad \text{et} \quad \frac{1}{2} C = \frac{1}{2} a^2 \sqrt{\mu} \sqrt{1-e^2}$$

$$2H = \mu a^2 (2-e^2) \quad \text{et} \quad 2\sqrt{H^2 - \mu C^2} = \mu a^2 e^2$$

Nous substituons ainsi aux constantes C, H, deux nouvelles constantes a, e qui ont une signification géométrique. Il vient alors :

$$\frac{d\lambda}{dt} = \frac{1}{2} a^2 \sqrt{\mu} \sqrt{1-e^2}$$

$$v^2 = -\mu r^2 + \mu a^2 (2-e^2)$$

$$r^2 = a^2 (1 - e^2 \cos^2 (t-\tau) \sqrt{\mu}).$$

et en égalant les deux valeurs de r^2

$$\cos^2 (\theta - \omega) = \frac{\sin^2 (t-\tau) \sqrt{\mu}}{1 - e^2 \cos^2 (t-\tau) \sqrt{\mu}}$$

Substituons la valeur de r^2 fonction de t dans la valeur de v^2, il vient :

$$v^2 = \mu a^2 (1 - e^2 \sin^2 (t-\tau) \sqrt{\mu}).$$

Si pour abréger, on pose :

$$(t-\tau) \sqrt{\mu} = u - \frac{\pi}{2},$$

toutes les variables s'expriment à l'aide de u, savoir :

$$r^2 = a^2 (1 - e^2 \sin^2 u)$$

$$v^2 = \mu a^2 (1 - e^2 \cos^2 u)$$

$$\cos^2 (\theta - \omega) = \frac{\cos^2 u}{1 - e^2 \sin^2 u}.$$

u a une signification géométrique analogue à celle de l'anomalie excentrique dans le mouvement elliptique des Planètes. En effet en multipliant membre à membre la 1re et la 3e des équations précédentes, on obtient :

$$r^2 \cos^2 (\theta - \omega) = a^2 \cos^2 u, \text{ d'où } r \cos (\theta - \omega) = \pm a \cos u$$

On peut choisir celui des deux signes que l'on veut. Si on prend le signe $+$, u représentera l'angle que fait, avec le demi grand axe positif, le rayon mené à l'extrémité de l'ordonnée du mobile prolongée jusqu'à la rencontre de la circonférence dont le grand axe est le diamètre.

La constante τ désigne l'époque du passage à l'extrémité du petit axe ; la durée de la révolution est : $T = \frac{2\pi}{\sqrt{\mu}}$; $\sqrt{\mu}$ est donc la vitesse angulaire du moyen mouvement.

La vitesse maximum du mobile correspond au minimum de *cos u*, et inversement, c'est-à-dire que le mobile a sa plus grande vitesse, quand il passe aux extrémités du petit axe, et sa plus petite vitesse quand il passe par les extrémités du grand axe.

---

§ 2. — Mouvement dans le milieu résistant.

Différentions les équations :

$$\frac{d\lambda}{dt} = \frac{1}{2} a^2 \sqrt{\mu} \sqrt{1-e^2}$$

$$v^2 = -\mu r^2 + \mu a^2 (2 - e^2)$$

en regardant a, e comme des fonctions du temps et en négligeant le terme $-2\mu r \frac{dr}{dt}$ qui s'évanouirait par la substitution de $\frac{d.v^2}{dt}$ dans l'équation différentielle (4). On obtient ainsi, en substituant les valeurs de $\frac{d^2\lambda}{dt^2}$, $\frac{d.v^2}{dt}$ dans (3) et (4),

$$2(1-e^2)\frac{da}{dt} - ae\frac{de}{dt} + a(1-e^2)\frac{f(v)}{v} = 0$$

$$(2-e^2)\frac{da}{dt} - ae\frac{de}{dt} + \frac{v}{\mu a} f(v) = 0.$$

Remplaçons, pour plus de symétrie $v f(v)$ par $v^2 \frac{f(v)}{v}$, puis v^2 par sa valeur $\mu a^2 (1 - e^2 \cos^2 u)$, on tire :

$$\frac{da}{dt} = -\frac{af(v)}{v} \sin^2 u = -\frac{1}{2} a \frac{f(v)}{v} (1 - \cos 2u)$$

$$\frac{de}{dt} = -\frac{1-e^2}{e}\frac{f(v)}{v}(2 \sin^2 u - 1) = \frac{1-e^2}{e}\frac{f(v)}{v} \cos 2u$$

Pour avoir $\frac{d\tau}{dt}$, on différentie, d'après ce qui a été dit plus haut, les relations :

$$(t-\tau)\sqrt{\mu} = u - \frac{\pi}{2}$$

$$r^2 = a^2(1 - e^2 \sin^2 u)$$

en regardant t, r comme constants, ce qui donne

$$-\frac{d\tau}{dt}\sqrt{\mu} = \left[\frac{du}{dt}\right]$$

$$(1 - e^2 \sin^2 u)\frac{da}{dt} - ae \sin^2 u \frac{de}{dt} - ae^2 \sin u \cos u \left[\frac{du}{dt}\right] = 0$$

et on élimine $\left[\frac{du}{dt}\right]$ entre ces deux équations. Si l'on remplace ensuite $\frac{da}{dt}$, $\frac{de}{dt}$, par les valeurs précédentes, on obtient :

$$\frac{d\tau}{dt}\sqrt{\mu} = \frac{2 - e^2}{2e^2}\frac{f(v)}{v}\sin 2u.$$

On obtiendra de la même manière $\frac{d\omega}{dt}$ à l'aide des équations :

$$\cos^2(\theta - \omega) = \frac{\cos^2 u}{1 - e^2 \sin^2 u}.$$

$$r^2 = a^2(1 - e^2 \sin^2 u)$$

que l'on différentiera en regardant r et θ comme constants, et entre lesquelles on éliminera $\left[\frac{du}{dt}\right]$. Mais on peut y arriver plus simplement à l'aide de la relation indépendante de u,

$$r^2 = \frac{a^2(1 - e^2)}{1 - e^2 \cos^2(\theta - \omega)}.$$

On trouve par l'une ou l'autre méthode :

$$\frac{d\omega}{dt} = \frac{\sqrt{1 - e^2}}{e^2}\frac{f(v)}{v}\sin 2u$$

Nous allons maintenant faire deux hypothèses sur la loi de résistance du milieu :

1° Résistance proportionnelle à la vitesse.

Soit $f(v) = kv$, k étant un coefficient qui dépend de la densité du milieu et de celle du mobile, il vient pour les variations complètes des éléments :

$$\frac{1}{k}\frac{da}{dt} = -\frac{1}{2}a(1 - \cos 2u)$$

$$\frac{1}{k}\frac{de}{dt} = \frac{1 - e^2}{e}\cos 2u$$

$$\frac{1}{k}\sqrt{\mu}\frac{d\tau}{dt} = \frac{2 - e^2}{2e^2}\sin 2u$$

$$\frac{1}{k}\frac{d\omega}{dt} = \frac{\sqrt{1-e^2}}{e^2}\sin 2u.$$

Ces formules montrent que les variations de e, τ, ω reprennent périodiquement la même valeur quand l'angle u croit de une ou plusieurs demi-circonférences; mais la variation du grand axe se compose d'une partie périodique et d'une partie qui ne l'est pas. Celle-ci donne ;

$$\frac{1}{k}\frac{da}{dt} = -\frac{1}{2}a,$$

d'où, en intégrant,

$$a = A\varepsilon^{-\frac{1}{2}kt}$$

ε désignant la base du système Népérien, et A la valeur initiale de a.

Ainsi la résistance du milieu ne change pas d'une manière durable l'excentricité, la position des axes, et l'époque du passage à l'extrémité du petit axe, mais la longueur du grand axe et par suite celle du petit axe, diminuent de plus en plus avec le temps, de sorte que le mobile tend à se précipiter vers le centre qui l'attire, et d'autant plus rapidement que la résistance du milieu représentée par le coefficient k est plus grande.

Remarque. — Dans l'hypothèse de la résistance proportionnelle à la simple vitesse et de l'attraction proportionnelle à la distance, les équations générales (1) (2) deviennent :

$$\frac{d^2x}{dt^2} + k\frac{dx}{dt} + \mu x = 0$$

$$\frac{d^2y}{dt^2} + k\frac{dy}{dt} + \mu y = 0.$$

elles peuvent s'intégrer immédiatement et donnent

$$x = \varepsilon^{-\frac{1}{2}kt}(M_1 \cos \gamma t + M_2 \sin \gamma t)$$

$$y = \varepsilon^{-\frac{1}{2}kt}(N_1 \cos \gamma t + N_2 \sin \gamma t)$$

γ étant un coefficient dépendant de k, M_1, M_2, N_1, N_2 des constantes arbitraires.

On tire de ces équations :

$$\sin \gamma t = \frac{M_1 y - N_1 x}{M_1 N_2 - M_2 N_1}\varepsilon^{\frac{1}{2}kt}$$

$$\cos \gamma t = -\frac{M_2 y - N_2 x}{M_1 N_2 - M_2 N_1}\varepsilon^{\frac{1}{2}kt}$$

et par conséquent

$$(M_1 y - N_1 x)^2 + (M_2 y - N_2 x)^2 = (M_2 N_1 - M_2 N_1)^2 \varepsilon^{-kt}$$

équation d'une ellipse dont les axes sont proportionnels à $\varepsilon^{\frac{1}{2}kt}$ et par conséquent l'excentricité constante ; l'angle que fait le grand axe avec l'axe des x est aussi constant.

Cette ellipse n'est autre chose que l'ellipse des variations non périodiques, mais le mobile ne peut être regardé comme se mouvant sur cette courbe même dans un instant infiniment petit, car elle n'est pas tangente à la vraie trajectoire laquelle s'obtiendrait en éliminant le temps t complètement entre les valeurs de x et y. On voit, en effet que la valeur de $\frac{dy}{dx}$ ne saurait être la même pour les deux courbes, x, y, ayant la même valeur.

2° *Résistance proportionnelle au carré de la vitesse.*

Soit $f(v) = kv^2$, d'où

$$\frac{f(v)}{v} = kv = ka\sqrt{\mu}\sqrt{1 - e^2 \cos^2 u},$$

il vient :

$$\frac{1}{k\sqrt{\mu}}\frac{da}{dt} = -\frac{1}{2}a^2(1 - \cos 2u)\sqrt{1 - e^2\cos^2 u}$$

$$\frac{1}{k\sqrt{\mu}}\frac{de}{dt} = a\frac{1 - e^2}{e}\cos 2u\sqrt{1 - e^2\cos^2 u}$$

$$\frac{1}{k}\frac{d\tau}{dt} = a\frac{2 - e^2}{2e^2}\sin 2u\sqrt{1 - e^2\cos^2 u}$$

$$\frac{1}{k\sqrt{\mu}}\frac{d\omega}{dt} = a\frac{\sqrt{1 - e^2}}{e^2}\sin 2u\sqrt{1 - e^2\cos^2 u}$$

Développons $\sqrt{1 - e^2\cos^2 u}$ par la série de Taylor, et remplaçons les puissances de cos u par les cosinus des arcs multiples de u, il vient

$$\sqrt{1 - e^2\cos^2 u} = 1 - \frac{1}{4}e^2 - \frac{3}{64}e^4 \ldots, - \frac{1}{4}e^2\cos 2u - \text{etc.}$$

Cette valeur multipliée par sin $2u$ ne donne que des termes périodiques ; ainsi, ω et τ ne subissent que des variations périodiques ; il n'en est pas de même de a et e, et l'on a pour les parties non périodiques des variations de ces quantités:

$$\frac{1}{k\sqrt{\mu}}\frac{da}{dt} = -\frac{1}{2}a^2\left(1 - \frac{1}{8}e^2 - \frac{1}{64}e^4 \ldots\right).$$

Négligeons le carré de l'excentricité et intégrons, nous aurons

$$a = \frac{\mathrm{A}}{1 + \frac{1}{2}\mathrm{A}kt\sqrt{\mu}}$$

A étant la valeur initiale de a.

On a de même, en négligeant le cube de e,

$$\frac{1}{k\sqrt{\mu}}\frac{de}{dt} = -\frac{1}{8}ae,$$

et si l'on remplace a par la valeur précédente, et que l'on intègre,

$$e = \frac{\mathrm{E}}{\left(1 + \frac{1}{2}\mathrm{A}kt\sqrt{\mu}\right)^{\frac{1}{4}}}$$

E étant la valeur initiale de e.

Ainsi, le grand axe et l'excentricité diminuent indéfiniment avec le temps ; par suite, le petit axe diminue également : au contraire, la position des axes et l'époque du passage à l'extrémité du petit axe n'éprouvent que des variations périodiques. Ce sont les mêmes résultats que nous avons constatés dans l'autre loi de la résistance, à part toutefois la variation non périodique de l'excentricité.

II. — ATTRACTION EN RAISON INVERSE DU CARRÉ DE LA DISTANCE.

§ 1. — MOUVEMENT DANS LE VIDE.

En faisant $\varphi(r) = \frac{\mu}{r^2}$ dans les équations (5) (6) (7) (8), elles donnent :

$$\frac{d\lambda}{dt} = \frac{1}{2} C$$

$$v^2 = \frac{2\mu}{r} + 2H$$

$$t - \tau = \int \frac{\pm\, r dr}{\sqrt{2\mu r + 2Hr^2 - C^2}},$$

$$\theta - \omega = \int \frac{\pm\, C dr}{r \sqrt{2\mu r + 2Hr^2 - C^2}}$$

On sait que cette dernière quadrature a pour expression, dans toute l'étendue du mouvement, l'intégrale :

$$r = \frac{\frac{C^2}{\mu}}{1 + \sqrt{1 + \frac{2HC^2}{\mu^2}}\, \cos(\theta - \omega)},$$

La trajectoire est donc une section conique, qui a son foyer au pôle. En la comparant avec l'équation générale des sections coniques,

$$r = \frac{a(1 - e^2)}{1 + e \cos(\theta - \omega)},$$

il en résulte :

$$C^2 = \mu a (1 - e^2), \qquad H = -\frac{\mu}{2a}$$

La valeur de H étant négative, il s'ensuit que $\sqrt{1 + \frac{2HC}{\mu^2}}$ ou e est < 1.

Donc, la trajectoire est une ellipse, pour laquelle ω désigne l'angle du demi grand axe, qui contient le foyer, avec l'axe polaire.

Dès-lors, le rayon vecteur varie entre $a(1-e)$ son minimum, et $a(1+e)$ son maximum. On peut donc poser :

$$r = a(1 - e \cos u).$$

L'angle u a une signification géométrique très simple, car en comparant les deux valeurs de r, il vient

$$a \cos u = ae + r \cos(\theta - \omega),$$

d'où l'on voit que si l'on décrit sur le grand axe, comme diamètre, une circonférence, que l'on prolonge l'ordonnée d'un point de l'ellipse jusqu'à la rencontre de cette circonférence, et que l'on joigne le point de rencontre au centre de l'ellipse, u sera l'angle que fait ce rayon, avec le demi grand axe focal.

En introduisant la variable u dans la valeur de dt, fonction de r, prenant le signe $+$, puisque du et dt sont positifs, on trouve :

$$\sqrt{\frac{\mu}{a^3}}\, dt = (1 - e \cos u)\, du, \text{ et en intégrant}$$

$$\sqrt{\frac{\mu}{a^3}}\, (t - \tau) = u - e \sin u.$$

Toutes les variables sont donc exprimées à l'aide de u.

Par analogie avec le mouvement elliptique des planètes, nous nommerons $\theta - \omega$ l'anomalie vraie, u l'anomalie excentrique, et $\sqrt{\frac{\mu}{a^3}}(t-\tau)$ l'anomalie moyenne.

Nous désignerons aussi par n le nombre $\sqrt{\frac{\mu}{a^3}}$ qui est la vitesse du moyen mouvement, de sorte que la dernière équation s'écrira :

$$n(t - \tau) = u - e \sin u.$$

Enfin, ω et τ seront l'angle du Périhélie et l'époque du passage du mobile en ce point.

---

§ 2. — MOUVEMENT DANS LE MILIEU RÉSISTANT.

Remplaçons C, H en fonction de a, e, il vient :

$$\frac{d\lambda}{dt} = \frac{1}{2} \sqrt{\mu a (1 - e^2)}$$

$$v^2 = \frac{2\mu}{r} - \frac{\mu}{a}.$$

Différentions ces équations en faisant varier a, e, on aura des valeurs de $\frac{d^2\lambda}{dt^2}$, $\frac{d.v^2}{dt}$ qui, substituées dans les équations (3) (4), donneront :

$$(1 - e^2) \frac{da}{dt} - 2ae \frac{de}{dt} + 2a (1 - e^2) \frac{f(v)}{v} = o$$

$$\frac{\mu}{a^2} \frac{de}{dt} + 2vf(v) = o$$

En remplaçant, pour plus de symétrie, $vf(v)$ par $v^2 \frac{f(v)}{v}$, puis v^2 par sa valeur en fonction de u, savoir :

$$v^2 = \frac{\mu}{a} \frac{1 + e \cos u}{1 - e \cos u}$$

et résolvant les deux équations, on obtient :

$$\frac{da}{dt} = - \frac{2a(1 + e \cos u)}{1 - e \cos u} \frac{f(v)}{v}$$

$$\frac{de}{dt} = - \frac{2(1 - e^2) \cos u}{1 - e \cos u} \frac{f(v)}{v}.$$

Pour avoir $\frac{d\tau}{dt}$, on différentie les équations :

$$n(t - \tau) = u - e \sin u$$

$$r = a(1 - e \cos u)$$

avec les précautions indiquées dans l'exposé de la méthode, et on élimine $\left[\frac{du}{dt}\right]$ entre les résultats obtenus. On a ainsi :

$$- n \frac{d\tau}{dt} + (t - \tau) \frac{dn}{dt} = \frac{2}{e} \sin u \frac{1 - e^3 \cos u}{1 - e \cos u} \frac{f(v)}{v}.$$

Au lieu de développer $\frac{dn}{dt}$ en fonction de $\frac{da}{dt}$ et de remplacer $\frac{da}{dt}$ ainsi que $t - \tau$ en fonction de u, il est préférable d'introduire, dans cette formule, l'anomalie moyenne, en ajoutant n aux deux membres. On a alors :

$$\frac{d.n(t - \tau)}{dt} = n + \frac{2}{e} \sin u \frac{1 - e^3 \cos u}{1 - e \cos u} \frac{f(v)}{v}.$$

Pour obtenir $\frac{d\omega}{dt}$, on différentie semblablement les équations

$$\cos(\theta - \omega) = \frac{\cos u - e}{1 - e\cos u}$$

$$r = a(1 - e\cos u)$$

et on élimine $\left[\frac{du}{dt}\right]$ entre les résultats. On pourrait aussi différentier simplement la relation :

$$r = \frac{a(1-e^2)}{1 + e\cos(\theta - \omega)}.$$

On trouve de l'une ou de l'autre façon

$$\frac{d\omega}{dt} = -\frac{2}{e}\frac{\sin u}{1 - e\cos u}\sqrt{1-e^2}\,\frac{f(v)}{v}.$$

Nous allons maintenant faire les deux hypothèses sur la résistance.

1° *Résistance proportionnelle à la vitesse.*

Soit $f(v) = kv$, il vient :

$$\frac{1}{k}\frac{da}{dt} = -2a\frac{1 + e\cos u}{1 - e\cos u}$$

$$\frac{1}{k}\frac{de}{dt} = -2(1-e^2)\frac{\cos u}{1 - e\cos u}$$

$$\frac{1}{k}\frac{d.n(t-\tau)}{dt} = \frac{n}{k} + \frac{2}{e}\sin u\frac{1 - e^3\cos u}{1 - e\cos u}$$

$$\frac{1}{k}\frac{d\omega}{dt} = -\frac{2}{e}\sqrt{1-e^2}\frac{\sin u}{1 - e\cos u}.$$

Pour trouver les variations non périodiques ou séculaires des éléments, il faut développer les fonctions de u suivant les multiples de l'angle u, et ne conserver que les termes indépendants de ces multiples.

En développant $\frac{1}{1 - e\cos u}$ ou $(1 - e\cos u)^{-1}$ suivant les puissances de $\cos u$, multipliant le résultat par $1 + e \cos u$, et remplaçant les puissances de $\cos u$ par les cosinus des multiples de u, on trouvera pour les parties non périodiques :

$$\frac{1 + e \cos u}{1 - e \cos u} = 1 + e^2 + \frac{3}{4} e^4 + \ldots \ldots$$

$$\frac{\cos u}{1 - e \cos u} = \frac{1}{2} e + \frac{3}{8} e^3 + \ldots \ldots$$

d'où, en négligeant le carré de l'excentricité, on obtient, pour les variations séculaires du grand axe et de l'excentricité :

$$-\frac{1}{2ak}\frac{da}{dt} = 1$$

$$-\frac{1}{2ek}\frac{de}{dt} = \frac{1}{2}.$$

On intègre ces équations, et l'on trouve, en désignant toujours par ε la base des logarithmes Népériens, par A et E les valeurs de a, e pour $t = o$,

$$a = A\varepsilon^{-2kt}$$

$$e = E\varepsilon^{-kt}$$

Ces formules montrent que le grand axe et l'excentricité diminuent indéfiniment.

Pour obtenir les variations séculaires de τ, remarquons que le second terme est nécessairement périodique. En le négligeant alors dans la recherche de ces variations, on a :

$$\frac{d.\, n\,(t - \tau)}{dt} = n$$

d'où

$$n(t - \tau) = \int_0^t n\, dt,$$

en supposant $\tau = o$ pour $t = o$.

Remplaçons n par $\sqrt{\frac{\mu}{a^3}}$ et a par sa valeur approchée $A\varepsilon^{-2kt}$, il vient, en effectuant la quadrature,

$$t - \tau = \frac{1}{3k}\left(1 - \varepsilon^{-3kt}\right)$$

d'où

$$\tau = \frac{1}{3k}\left(3kt + \varepsilon^{-3kt} - 1\right).$$

L'anomalie moyenne est donnée par la formule :

$$n(t - \tau) = A^{-\frac{3}{2}} \frac{\varepsilon^{3kt} - 1}{3k}.$$

Quand à l'angle du Périhélie ω, la valeur de $\frac{d\omega}{dt}$ montre qu'il n'est sujet qu'à des variations périodiques.

2° *Résistance proportionnelle au carré de la vitesse.*

Soit $f(v) = kv^2$; il vient, en remplaçant v par sa valeur,

$$-\frac{1}{2k\sqrt{\mu a}} \frac{da}{dt} = \frac{(1 + e\cos u)^{\frac{3}{2}}}{(1 - e\cos u)^{\frac{3}{2}}}$$

$$-\frac{1}{2k(1 - e^2)} \frac{de}{dt} = \sqrt{\frac{\mu}{a}} \frac{\cos u\,(1 + e\cos u)^{\frac{1}{2}}}{(1 - e\cos u)^{\frac{3}{2}}}$$

$$\frac{1}{k}\frac{d\omega}{dt} = -2\sqrt{\frac{\mu}{a}} \frac{\sqrt{1 - e^2}}{e} \frac{\sin u\,(1 + e\cos u)^{\frac{1}{2}}}{(1 - e\cos u)^{\frac{3}{2}}}$$

$$\frac{1}{k}\frac{d.n(t - \tau)}{dt} = \frac{n}{k} + \frac{2}{e}\sqrt{\frac{\mu}{a}} \frac{\sin u\,(1 + e\cos u)^{\frac{1}{2}}\,(1 - e^3\cos u)}{(1 - e\cos u)^{\frac{3}{2}}}$$

Si on développe, par la série de Taylor, les différentes puissances de $1 - e\cos u$ et de $1 + e\cos u$, que l'on combine ces quantités entre elles et avec $\cos u$, on trouve, pour les termes indépendants de u et de ses multiples, dans les variations de a et de e,

$$-\frac{1}{2k\sqrt{\mu a}}\frac{da}{dt}=1+\frac{9}{4}e^2+\ldots\ldots$$

$$-\frac{1}{2k(1-e^2)}\frac{de}{dt}=\sqrt{\frac{\mu}{a}}(e+\ldots\ldots)$$

Si on néglige les termes en e^2, il vient dans la première formule :

$$-\frac{1}{2k\sqrt{\mu a}}\frac{da}{dt}=1, \quad \text{d'où en intégrant}$$

$$a=(\sqrt{A}-kt\sqrt{\mu})^2,$$

A étant la valeur initiale de a.

En négligeant les termes en e^3 dans la seconde formule, elle donne :

$$-\frac{1}{2k}\frac{de}{dt}=e\sqrt{\frac{\mu}{a}};$$

remplaçons a par sa valeur approchée, et intégrons, il vient :

$$-\frac{1}{2k}\frac{de}{e}=\frac{\sqrt{\mu}\,dt}{\sqrt{A}-kt\sqrt{\mu}}$$

$$e=\frac{E}{A}(\sqrt{A}-kt\sqrt{\mu})^2$$

E étant la valeur initiale de e.

Ces formules montrent que a et e diminuent indéfiniment jusqu'à zéro ; elles ne peuvent servir au-delà de $a=o$, et la valeur limite de t est, par suite :

$$t=\frac{\sqrt{A}}{k\sqrt{\mu}}.$$

L'angle ω n'est sujet qu'à des variations périodiques ; mais il n'en est pas de même de τ, et ses variations séculaires sont données par la formule :

$$\frac{d.n(t-\tau)}{dt}=n,$$

d'où

$$n(t-\tau)=\int_0^t n\,dt$$

et en remplaçant, dans n, a par sa valeur approchée,

$$\frac{t-\tau}{(\sqrt{A}-kt\sqrt{\mu})^3}=\int_0^t \frac{dt}{(\sqrt{A}-kt\sqrt{\mu})^3}=\frac{1}{2k\sqrt{\mu}}\left[\frac{1}{(\sqrt{A}-kt\sqrt{\mu})^2}-\frac{1}{A}\right],$$

d'où

$$\tau=\frac{k\sqrt{\mu}}{2\sqrt{A}}\,t^2\left(3-\frac{kt\sqrt{\mu}}{\sqrt{A}}\right).$$

D'ailleurs, $kt\sqrt{\mu}$ doit toujours être plus petit que $\sqrt{A}$; donc τ, toujours positif, croît comme le carré de t.

L'anomalie moyenne $n(t-\tau)$ a pour valeur ;

$$n(t-\tau)=\frac{1}{2k}\left(\frac{1}{a}-\frac{1}{A}\right).$$

elle augmente donc indéfiniment.

Conclusion générale. — Ainsi, dans les deux hypothèses sur la résistance du milieu, le grand axe et l'excentricité diminuent indéfiniment, et le mobile tend à se précipiter vers le centre attirant. Toutefois, le périhélie n'éprouve que des variations périodiques, mais l'époque du passage en ce point est retardée de plus en plus en même temps que l'anomalie moyenne est augmentée.

Remarque. — Lagrange a donné dans l'hypothèse de la résistance proportionnelle au carré de la vitesse, les variations des éléments elliptiques de l'orbite des Planètes ; mais il développe suivant l'anomalie moyenne, tandis que nous avons pris pour variable l'anomalie excentrique. Il en résulte une différence dans l'expression de la variation non périodique ou séculaire de l'excentricité. Ainsi, Lagrange parvient à la formule

$$\frac{1}{k}\frac{de}{dt}=-e\sqrt{\frac{\mu}{a}},$$

tandis que nous avons trouvé :

$$\frac{1}{k}\frac{de}{dt}=-2e\sqrt{\frac{\mu}{a}}.$$

Il est facile de montrer qu'on peut déduire ces deux formules l'une de l'autre. Soit en effet Z l'anomalie moyenne, on aura, d'après une formule connue :

$$r = a\left(1 + \frac{1}{2}e^2 \ldots - e\cos Z - \frac{1}{2}e^2\cos 2Z \ldots\right)$$

d'où, à cause de

$$r = a(1 - e\cos u)$$

$$\cos u = -\frac{1}{2}e + \ldots + \cos Z + \frac{1}{2}e\cos 2Z + \ldots$$

ce qui montre qu'il y a dans *cos u* un terme indépendant des cosinus de Z et de ses multiples. En le portant dans notre formule, savoir :

$$\frac{1}{k}\frac{de}{dt} = -2\sqrt{\frac{\mu}{a}}(1 - e^2)\left(e + \cos u + e\cos 2u + \frac{15}{8}e^2\cos u + \ldots\right)$$

elle devient :

$$\frac{1}{k}\frac{de}{dt} = -2\sqrt{\frac{\mu}{a}}(1 - e^2)\left(\frac{1}{2}e \ldots + \cos Z + \ldots\right)$$

et en négligeant les termes périodiques en Z, aussi bien que le cube de l'excentricité, on a :

$$\frac{1}{k}\frac{de}{dt} = -e\sqrt{\frac{\mu}{a}},$$

ce qui est la formule que donne Lagrange.

III. — ATTRACTION CONSTANTE DE GRANDEUR ET DE DIRECTION.

Nous prendrons pour origine un point quelconque de la trajectoire pour lequel nous connaîtrons, de grandeur et de direction, la vitesse du mobile. Nous choisirons pour axe des y positives une parallèle à la direction constante de l'attraction et de sens contraire à celle-ci ; et pour axe des x positives une perpendiculaire au premier axe, dirigée dans le sens de la composante de la vitesse à l'origine. Ainsi, l'angle que fera la direction de la vitesse, au point pris pour origine, avec l'axe des x positives, sera toujours aigu ; mais il pourra être positif ou négatif, suivant que la composante de la vitesse suivant l'axe des y sera elle-même positive ou négative.

Pour plus de simplicité, nous appellerons verticale la direction de l'attraction ; l'axe des x sera ainsi une horizontale.

ÉQUATIONS DIFFÉRENTIELLES DU MOUVEMENT.

En désignant par g la force accélératrice constante due à l'attraction, les équations différentielles du mouvement sont :

$$\frac{d^2x}{dt^2} + \frac{f(v)}{v}\frac{dx}{dt} = 0 \quad . \; . \; . \; . \; . \; . \; . \; . \; . \; . \; . \; . \quad (1)$$

$$\frac{d^2y}{dt^2} + \frac{f(v)}{v}\frac{dy}{dt} + g = 0 \quad . \; . \; . \; . \; . \; . \; . \; . \; . \; . \; . \quad (2)$$

Pour intégrer ces équations avec plus de facilité et dans le cas le plus général, nous prendrons pour nouvelles variables la vitesse v et l'angle η que fait sa direction avec l'axe des x positives.

On a alors :

$$\frac{dx}{dt} = v \cos \eta \qquad\qquad \frac{dy}{dt} = v \sin \eta$$

et les équations différentielles (1) (2) se transforment dans les suivantes :

$$\frac{d.v \cos \eta}{dt} + f(v) \cos \eta = 0 \quad \ldots \ldots \ldots \ldots \quad (3)$$

$$\frac{d.v \sin \eta}{dt} + f(v) \sin \eta + g = 0 \quad \ldots \ldots \ldots \ldots \quad (4)$$

Egalons les deux valeurs de dt, tirées de ces équations, il vient :

$$\frac{d.v \cos \eta}{f(v) \cos \eta} = \frac{d.v \sin \eta}{f(v) \sin \eta + g} = -dt \quad \ldots \ldots \ldots \ldots \quad (5)$$

Développons et réduisons l'équation entre v et η, elle donne :

$$d.v \cos \eta = \frac{v f(v)}{g} d\eta \quad \ldots \ldots \ldots \ldots \quad (6)$$

Cette équation fera connaître v en fonction de η; on en déduit :

$$dt = -\frac{v}{g} \frac{d\eta}{\cos \eta} \quad \ldots \ldots \ldots \ldots \quad (7)$$

$$dx = v \cos \eta \, dt = -\frac{v^2}{g} d\eta \quad \ldots \ldots \ldots \ldots \quad (8)$$

$$dy = \tang \eta \, dx = -\frac{v^2}{g} \tang \eta \, d\eta \quad \ldots \ldots \quad (9)$$

Ces équations font connaître v, t, x, y, en fonction de η, le mouvement est donc complètement déterminé.

L'équation (6), que l'on devra résoudre la première, puisqu'elle détermine v en fonction de η et que toutes les autres dépendent de v, se ramène à une quadrature dans le cas très-général où on supposerait $f(v) = a + bv^n$; car elle prend alors la forme de l'équation de Bernouilli. Mais nous n'examinerons que les deux hypothèses ordinaires : $f(v) = bv$, $f(v) = bv^2$, et nous rapporterons le coefficient b à la force accélératrice g en le remplaçant, dans le premier cas, par $\frac{g}{k}$ et, dans le second, par $\frac{g}{k^2}$; de sorte que k serait la vitesse que devrait avoir le mobile pour que la résistance devînt égale à l'attraction.

1° *Résistance proportionnelle à la vitesse.*

Dans l'hypothèse de $f(v) = \frac{gv}{k}$, l'équation (6) devient :

$$d.v \cos \eta = \frac{v^2}{k}\, d\eta, \text{ d'où}$$

$$k\, \frac{d.v \cos \eta}{v^2 \cos^2 \eta} = \frac{d\eta}{\cos^2 \eta}, \text{ et en intégrant}$$

$$C - \frac{k}{v \cos \eta} = \text{tang}\, \eta \, . \quad . \quad . \quad . \quad . \quad . \quad . \quad . \quad . \quad . \quad (10)$$

La constante arbitraire C se déterminera d'après les circonstances du mouvement à l'origine. Nous supposerons, pour plus de commodité, que l'on commence à compter le temps à partir de l'instant où le mobile passe par l'origiue, et il suffira, pour étudier le mouvement à des époques antérieures, de donner à t des valeurs négatives.

Soit donc pour $t = 0 \quad v = v_0 \quad \eta = \eta_0$,
On aura :

$$C = \frac{k}{v_0 \cos \eta_0} + \text{tang}\, \eta_0.$$

la valeur de v tirée de l'équation (10) et substituée dans l'équation (7) donne

$$dt = -\frac{k}{g}\, \frac{d\eta}{\cos^2 \eta\, (C - \text{tang}\, \eta)}, \qquad \text{et en intégrant}$$

$$C - \text{tang}\, \eta = A\, e^{\frac{gt}{k}},$$

e étant la base Népérienne, et A une constante arbitraire, qui a pour valeur

$$C - \text{tang}\, \eta_0 \text{ ou } \frac{k}{v_0 \cos \eta_0}$$

Il résulte de cette équation que $v \cos \eta = \frac{k}{C - \text{tang}\, \eta} = \frac{k}{A}\, e^{-\frac{gt}{k}}$

ce qui permet d'exprimer immédiatement x et y en fonction de t, et l'on a :

$$dx = \frac{k}{A} e^{-\frac{gt}{k}} dt \qquad\qquad dy = (C - Ae^{\frac{gt}{k}}) \frac{k}{A} e^{-\frac{gt}{k}} dt,$$

d'où en intégrant et à cause de $x = 0$ $y = 0$ pour $t = 0$

$$x = \frac{k^2}{Ag}(1 - e^{-\frac{gt}{k}}) \quad . \quad . \quad . \quad . \quad . \quad . \quad . \quad . \quad . \quad . \quad . \quad (11)$$

$$y = -kt + \frac{k^2}{g}\frac{C}{A}(1 - e^{-\frac{gt}{k}}) \quad . \quad . \quad . \quad . \quad . \quad . \quad . \quad (12)$$

Pour avoir l'équation de la trajectoire, il suffit d'éliminer t entre ces deux équations, ce qui donne :

$$y = Cx + \frac{k^2}{g} \log (1 - \frac{Ag}{k^2} x) \quad . \quad . \quad . \quad . \quad . \quad . \quad . \quad . \quad . \quad (13)$$

Nous allons étudier la forme de cette courbe, laquelle dépend de l'angle initial τ_0. Remarquons, à cet effet, que A est toujours positif, qu'il en est de même de C lorsque τ_0 est positif; mais que C peut être positif ou négatif quand τ_0 est négatif.

Supposons d'abord τ_0 positif, C et A étant positifs, on aura de plus C > A. La valeur de $tang\, \tau$ d'abord positive diminue à mesure que t augmente positivement, et devient nulle pour $t = \frac{k}{g} \log \frac{C}{A}$.

Les valeurs de x et y correspondantes à cet instant sont :

$$x_1 = \frac{k^2}{Cg}\left(\frac{C}{A} - 1\right)$$

$$y_1 = \frac{k^2}{g}\left(\frac{C}{A} - 1\right) - \frac{k^2}{g} \log \frac{C}{A} = \frac{k^2}{g}\left(\frac{C}{A} - 1 - \log \frac{C}{A}\right).$$

Ces valeurs sont positives, ce qui est évident pour la valeur de x_1. Pour le démontrer à l'égard de y_1, posons $\frac{C}{A} = 1 + z$, je dis que l'on a : $z > \log (1 + z)$, en effet, il en résulte $e^z > 1 + z$, ce qui est vrai quelque soit z.

On montre semblablement que x et y sont restés positifs dans l'intervalle de τ_0 à 0.

Le point x_1 y_1 est un point culminant, car t augmentant encore, $tang\, \tau$ change de signe, l'angle τ devient donc négatif et le mobile descend. Pour étudier la branche descendante de la trajectoire, transportons l'origine au point culminant et changeons de plus le sens de l'axe des y positives en posant :

$x = x_1 + x'$ $\qquad\qquad$ $y = y_1 - y'$, il vient :

$$x' = \frac{k^2}{Cg}\left(1 - \frac{C}{A}e^{-\frac{gt}{k}}\right) \quad \ldots\ldots\ldots\ldots \quad (14)$$

$$y' = -Cx' - \frac{k^2}{g}\ log\left(1 - \frac{Cg}{k^2}x'\right) \quad \ldots\ldots \quad (15)$$

x' étant toujours $< \frac{k^2}{Cg}$ ou $\frac{Cg}{k^2}x' < 1$, ces quantités sont toujours réelles quel que soit t, et on démontre aisément qu'elles sont toujours positives. Mais x' tend vers la limite $\frac{k^2}{Cg}$, tandis que y' augmente indéfiniment. Donc la branche descendante a une asymptote verticale située à une distance du point culminant égale à $\frac{k^2}{Cg}$, ou à une distance de l'origine $\frac{k^2}{Ag}$.

Si on donne à t des valeurs négatives dans les relations (11) (12), x devient négatif et il en est de même de y, d'après l'équation (13) ; car, si l'on y change x en $-x''$, il vient

$$y = -Cx'' + \frac{k^2}{g}\ log\left(1 + \frac{Ag}{k^2}x''\right),$$

valeur que l'on démontrera négative comme précédemment.

Cette branche n'a pas d'asymptote verticale, car x et y augmentent indéfiniment en valeur négative. Mais comme $tang\ \tau$ a pour limite C, pour $t = -\infty$, on peut rechercher s'il y a une asymptote dans cette direction ; il faut pour cela chercher la limite de $y - Cx$. Or,

$$y - Cx = \frac{k^2}{g}\log\left(1 - \frac{Ag}{k^2}x\right)$$

et cette quantité augmente indéfiniment pour des valeurs négatives croissantes de x. Il n'y a donc pas d'asymptote dans cette direction.

Nous avons supposé pour la discussion précédente que τ_0 était positif, si cet angle était nul, il n'y aurait aucun changement à la forme de la trajectoire, si ce n'est que le point culminant serait à l'origine. Mais si τ_0 est négatif, il faut distinguer deux cas : celui où C est positif, et celui où il est négatif. Dans le premier cas, comme C est $<$ A, on verra qu'il existe un point culminant correspondant à des valeurs négatives de t ; en transportant l'origine en ce point dont l'abcisse est négative et l'ordonnée positive, on discutera les deux branches de la courbe et on arrivera à des résultats semblables à ceux que nous avons trouvés dans la discussion précédente.

Au contraire, si C est négatif, *tang* η ne peut jamais devenir nulle et reste toujours négative, la courbe n'a pas de point culminant ; l'une de ses branches, située dans les x positives et les y négatives, a une asymptote verticale située à la distance $\frac{k^2}{Ag}$ de l'origine, et l'autre branche, située dans les x négatives et y positives, n'a pas d'asymptote.

Le cas où C serait nul conduit aux mêmes résultats que lorsqu'il est négatif, si ce n'est que, dans la branche ascendante, la tangente tend à devenir horizontale.

2° *Résistance proportionnelle au carré de la vitesse.*

Dans l'hypothèse de $f(v) = \frac{gv^2}{k^2}$, l'équation (6) devient :

$$d.v \cos\eta = \frac{v^3}{k^2}\, d\eta, \qquad \text{d'où}$$

$$k.\ \frac{d.v\cos\eta}{v^3\cos^3\eta} = \frac{d\eta}{\cos^3\eta}.$$

En intégrant et désignant par $\frac{C}{2}$ une constante arbitraire, on a :

$$\frac{C}{2} - \frac{k^2}{2v^2\cos^2\eta} = \frac{\sin\eta}{2\cos^2\eta} + \frac{1}{2}\log tang\left(\frac{\pi}{4} + \frac{1}{2}\eta\right),$$

d'où l'on tire :

$$v^2 = \frac{k^2}{\cos^2\eta\left[C - \frac{tang\,\eta}{\cos\eta} - \log tang\left(\frac{\pi}{4} + \frac{1}{2}\eta\right)\right]}$$

La valeur de C se détermine à l'aide des valeurs initiales de v et de η, savoir :

$$C = \frac{k^2}{v_0{}^2\cos^2\eta_0} + \frac{tang\,\eta_0}{\cos\eta_0} + \log tang\left(\frac{\pi}{4} + \frac{1}{2}\eta_0\right).$$

Si l'on désigne par D le dénominateur de v^2, les équations (7) (8) (9) donnent :

$$t = -\frac{k}{g}\int_{\eta_0}^{\eta}\frac{d\eta}{\cos\eta.\sqrt{D}}$$

$$x = -\frac{k^2}{g}\int_{\eta_0}^{\eta} \frac{d\eta}{D}$$

$$y = -\frac{k^2}{g}\int_{\eta_0}^{\eta} \frac{tang\, d\eta}{D}.$$

La première de ces relations, aussi bien que la valeur de v^2, montrent que D doit toujours être positif. Or, le signe de cette quantité dépend de C, lequel dépend du signe de η_0.

Supposons d'abord η_0 positif. *Cos* η étant positif, il faut que $d\eta$ soit négatif pour que *dt* soit positif, l'angle η va donc diminuer; par suite x, y seront positifs, et le mobile s'élèvera au-dessus de l'axe des x. η diminuant, D reste toujours positif, car C est positif, et les termes soustractifs diminuent avec η; d'ailleurs, pour $\eta = \eta_0$ D est positif en vertu de la valeur de C; donc on peut faire diminuer η jusqu'à zéro, auquel cas D se réduit à la valeur C.

Les valeurs correspondantes de v, t, x, y sont :

$$v_1{}^2 = \frac{k}{C} \qquad t_1 = -\frac{k}{g}\int_{\eta_0}^{0} \frac{d\eta}{cos\, \eta . \sqrt{D}}$$

$$x_1 = -\frac{k^2}{g}\int_{\eta_0}^{0} \frac{d\eta}{D} \qquad y_1 = -\frac{k^2}{g}\int_{\eta_0}^{0} \frac{tang\, \eta\, d\eta}{D}.$$

La valeur $\eta = 0$ correspond à un point culminant, car la vitesse n'ayant plus de composante verticale, le mobile doit obéir à l'action de la pesanteur, et son ordonnée diminuer; l'angle η devient donc négatif; et d'abord $< \frac{\pi}{2}$; donc *cos* η reste postif et par suite $d\eta$ est encore négatif, mais si l'on change η en $-\eta'$, ou $d\eta$ en $-d\eta'$, $d\eta'$ sera positif, c'est-à-dire que l'angle η' augmentera. D devient par ce changement :

$$D = cos^2 \eta' \left[C + \frac{tang\, \eta'}{cos\, \eta'} + log\, tang\, (\frac{\pi}{4} + \frac{1}{2}\eta') \right]$$

quantité toujours positive tant que η' est $< \frac{\pi}{2}$.

Pour étudier la branche descendante de la courbe, transportons l'origine des axes au point culminant et changeons de plus le sens de l'axe des y.

On pose à cet effet

$$x = x_1 + x' \qquad y = y_1 - y' \qquad t = t_1 + t'$$

et si l'on partage les intégrales en deux parties, on obtient :

$$x' = \frac{k^2}{g}\int_0^{\eta'} \frac{d\eta'}{D}$$

$$y' = \frac{k^2}{g}\int_0^{\eta'} \frac{tang\ \eta'\ d\eta'}{D}$$

$$t' = \frac{k}{g}\int_0^{\eta'} \frac{d\eta'}{cos\ \eta'\ \sqrt{D}}.$$

D ne pouvant pas devenir nul, pour que t' augmente indéfiniment, il faut que $cos\ \eta'$ tende vers zéro, ou que η' tende vers $\frac{\pi}{2}$; car, si l'élément de l'intégrale restait fini, t' ne pourrait augmenter indéfiniment. x', y', restent toujours positifs, donc la branche descendante s'étend dans les x' y' positives et la tangente tend à devenir verticale. Je dis de plus que cette branche a une asymptote verticale.

En effet,

$$x' = \frac{k^2}{g}\int_0^{\frac{\pi}{2}} \frac{d\eta'}{D}$$

indique une valeur limite de x', puisque l'élément de l'intégrale $\frac{1}{D}$ conserve toujours une valeur finie.

Au contraire, la valeur de y'

$$y' = \frac{k^2}{g}\int_0^{\frac{\pi}{2}} \frac{tang\ \eta'\ d\eta'}{D}$$

croît sans limites. On voit, en effet, que l'élément devient infini pour $\eta' = \frac{\pi}{2}$; mais pour montrer que l'intégrale est infinie, considérons une valeur $\eta' = \alpha$, voisine de $\frac{\pi}{2}$; $tang\ \eta'$ sera très-grand et on pourra négliger dans D des termes très-petits par rapport à elle; d'après cela $cos\ \eta'$ diffère très-peu de $\frac{1}{tang\ \eta'}$ et

$tang\left(\frac{\pi}{4}+\frac{1}{2}\eta'\right)=tang\,\eta'+\sqrt{1+tang^2\eta'}$ diffère peu de $2\,tang\,\eta'$; donc, de α à $\frac{\pi}{2}$, D a sensiblement pour valeur

$$\cos^2\eta'\,(C+tang^2\eta'+\log 2+\log tang\,\eta')$$

Négligeant dans la quantité entre parenthèses $C+\log 2$ et $\log tang\,\eta'$, très-petits devant $tang^2\eta'$, on a à considérer :

$$\int_\alpha^{\frac{\pi}{2}}\frac{\frac{tang\,\eta'\,d\eta'}{\cos^2\eta'}}{tang^2\eta'}=\int_\alpha^{\frac{\pi}{2}}\frac{\frac{d\eta'}{\cos^2\eta'}}{tang\,\eta'}=\left(\log tang\,\eta'\right)_\alpha^{\frac{\pi}{2}}$$

quantité infinie ; donc y' est infinie.

On voit en même temps que v tend à devenir constant et égal à k, car

$$\cos^2\eta'\log tang\left(\frac{\pi}{4}+\frac{1}{2}\eta'\right)$$

a pour limite zéro. Ainsi la vitesse tend indéfiniment vers celle qui rendrait la résistance égale à l'attraction, et le mouvement s'approche de plus en plus de l'uniformité.

Si on donne à t des valeurs négatives, $d\eta$ devient positif, x, y négatifs. Ainsi l'angle η augmente et l'on a une nouvelle branche descendante ; mais η ne peut augmenter jusqu'à $\frac{\pi}{2}$, car D, d'abord positif, devient nul avant que η ait atteint cette valeur. En effet, pour $\eta=\frac{\pi}{2}$, D est négatif.

Soit η_1 la limite de η qui fait $D=0$ et qui correspond à des valeurs infinies et négatives de t, x, y, et cherchons s'il existe une asymptote dans cette direction. Pour cela cherchons si $y-x\,tang\,\eta_1$ a une limite.

Or, soit $\delta=y-x\,tang\,\eta_1$ d'où

$$d.\delta=dy-dx\,tang\,\eta_1=\frac{k^2}{g}\,\frac{tang\,\eta-tang\,\eta_1}{D}\,d\eta,\qquad\text{et par suite}$$

$$\delta=\frac{k^2}{g}\int_{\eta_0}^{\eta_1}\frac{tang\,\eta-tang\,\eta_1}{D}\,d\eta.$$

Or, l'élément de l'intégrale est toujours fini, même pour $\eta=\eta_1$, où il prend la forme $\frac{0}{0}$, quantité dont la vraie valeur, obtenue en prenant les dérivées des deux termes, est finie ; donc δ a une valeur finie, et il y a une asymptote dans la direction η_1, à une distance δ comptée sur l'axe des y.

Nous avons supposé η_0 positif; s'il était nul, il n'y aurait d'autre différence dans la forme de la trajectoire que le transport du point culminant à l'origine.

Mais si η_0 est négatif, la valeur de C peut être positive ou négative. Si C est négatif, on ne peut pas avoir D $=$ C, et il n'y a pas de point culminant; la branche comptée à partir de l'origine et pour des valeurs croissantes de t est descendante et a une asymptote vertitale, mais l'autre branche est continuellement ascendante et a une asymptote inclinée à l'horizon.

Si, au contraire, C est positif, bien que η_0 soit négatif, la courbe a une seconde branche descendante et un point culminant qui correspond à des valeurs négatives de t. Les deux branches ont l'une une asymptote verticale et l'autre une asymptote non verticale.

En résumé, quelle que soit la loi de résistance dans les deux hypothèses que nous avons faites, la trajectoire peut avoir deux branches descendantes et un point culminant, ou bien une seule branche descendante sans point culminant. La branche descendante dans le sens du mouvement a toujours une asymptote verticale, et l'autre branche descendante ou ascendante a une asymptote inclinée à l'horizon dans le cas où la résistance est proportionnelle au carré de la vitesse et n'en a pas dans l'autre cas.

Vu et approuvé,
Paris, le 29 avril 1854,
LE DOYEN DE LA FACULTÉ DES SCIENCES,
MILNE-EDWARDS.

Permis d'imprimer,
LE RECTEUR DE L'ACADÉMIE DE LA SEINE,
CAYX.

THÈSE D'ASTRONOMIE.

DE LA FIGURE DE L'ANNEAU DE SATURNE.

INTRODUCTION.

La Planète Saturne est entourée de plusieurs anneaux dont l'épaisseur est excessivement petite par rapport à la largeur. Ces anneaux concentriques avec la Planète et situés sensiblement dans le plan de son équateur, sont en outre doués d'un mouvement de rotation uniforme autour de l'axe des pôles de Saturne.

Les expériences les plus récentes ont conduit à admettre que ces anneaux étaient composés de matière fluide peu dense, l'anneau le plus intérieur étant même translucide, malgré sa grande étendue.

La figure des anneaux ne paraît pas invariable. Des mesures précises portent à penser que leur diamètre diminue, et permettent même de prévoir l'époque où ils seraient incorporés à la Planète. Si donc les anneaux sont en équilibre sous l'action des forces qui les sollicitent, le maintien de cet équilibre, éminemment instable, les oblige à varier à chaque instant de forme et de densité.

Nous nous proposons de rechercher analytiquement les conditions de cet équilibre, quelque peu durable qu'il soit.

A cet effet, nous démontrerons avec Laplace, qu'en supposant les anneaux homogènes, ils peuvent être un équilibre d'après les lois de la gravitation universelle, si on les regarde comme engendrés chacun par une ellipse dont le plan passerait par les pôles de la Planète, et dont l'axe focal, excessivement grand par rapport à l'autre, serait situé dans le plan de l'équateur.

Nous ferons voir ensuite que la moindre perturbation peut déranger un pareil équilibre.

Sauf quelques modifications dans les méthodes d'intégration, dans la manière d'établir les conditions de l'équilibre et dans la démonstration de son instabilité, notre travail a consisté principalement à développer les calculs que Laplace, comme on sait, se contente le plus souvent d'indiquer.

CONDITIONS QUI DÉTERMINENT LA FIGURE D'ÉQUILIBRE DE CHAQUE ANNEAU.

Pour démontrer que la figure que nous supposons aux anneaux est compatible avec les lois de la gravitation universelle, nous allons appliquer le principe de d'Alembert à cette figure, et exprimer que chaque molécule de la surface est en équilibre, tant sous l'action des forces appliquées, que sous l'action de forces égales et contraires à celles qui produiraient sur chaque point, supposé libre, le mouvement qu'il a réellement.

La force qui produirait sur chaque point, supposé libre, le mouvement qu'il a réellement est la force centripète; une force égale et contraire sera la force centrifuge, mais appliquée à la molécule même.

Quant aux forces appliquées à chaque molécule de la surface, ce sont : 1° l'attraction de l'anneau dont la molécule fait partie; 2° l'attraction de la Planète.

Nous négligerons, relativement à chaque anneau, l'attraction des autres, quantité très petite si l'on a égard à leur éloignement mutuel et à leur faible masse.

Nous rapporterons les différents points de l'espace à trois axes rectangulaires menés par le centre de la planète, l'axe des z passant par les pôles. x, y, z, désigneront les coordonnées d'un point quelconque par rapport à ces trois axes. De plus, quand il s'agira d'un point du plan de l'ellipse génératrice, nous le rapporterons à de nouvelles coordonnées prises dans ce plan, l'une z, qui est la même que pour le premier système d'axes, et l'autre que nous désignerons par $C + \alpha$, C étant la distance du centre de l'ellipse à l'origine, et α l'abcisse du point considéré, par rapport au centre de cette ellipse. Enfin, pour les points qui seront sur la circonférence de l'ellipse, on aura :

$$\alpha^2 + \lambda^2 z^2 = a^2$$

a étant le demi grand axe, et λ son rapport au demi petit axe.

I. — ATTRACTION D'UN ANNEAU SUR UN POINT DE SA SURFACE.

§ 1. EXPRESSION DES COMPOSANTES.

La force qui représente l'attraction d'un anneau sur un point de sa surface est située dans le plan de l'ellipse génératrice qui contient le point attiré.

En désignant par V l'expression $\iiint \frac{dm}{\delta}$, dans laquelle dm représente la masse d'un point attirant, ou son volume, car nous prendrons la densité de l'anneau pour unité, et δ la distance de ce point au point attiré, l'intégrale triple s'étendant d'ailleurs à tout le corps attirant, les composantes de l'attraction sur le point x, y, z de masse μ, sont parallèlement aux trois axes :

$$\mathrm{f}\,\mu \frac{dV}{dx}, \qquad \mathrm{f}\,\mu \frac{dV}{dy}, \qquad \mathrm{f}\,\mu \frac{dV}{dz}.$$

f représente, comme on sait, l'attraction mutuelle de deux molécules douées de l'unité de masse, et placées à l'unité de distance l'une de l'autre.

Les deux forces parallèles aux x et y, se composent en une seule qui, d'après la remarque précédente, est située dans le plan de l'ellipse génératrice, et dirigée par conséquent parallèlement au grand axe de cette ellipse.

Son expression est :

$$\mathrm{f}\,\mu \sqrt{\left(\frac{dV}{dx}\right)^2 + \left(\frac{dV}{dy}\right)^2}$$

Or, à cause de la relation : $x^2 + y^2 = (C + \alpha)^2$, on a :

$$\frac{dV}{dx} = \frac{dV}{d\alpha}\,\frac{d\alpha}{dx} = \frac{dV}{d\alpha}\,\frac{x}{C + \alpha}$$

$$\frac{dV}{dy} = \frac{dV}{d\alpha}\,\frac{d\alpha}{dy} = \frac{dV}{d\alpha}\,\frac{y}{C + \alpha}, \quad \text{d'où}$$

$$\left(\frac{dV}{dx}\right)^2 + \left(\frac{dV}{dy}\right)^2 = \left(\frac{dV}{d\alpha}\right)^2.$$

Ainsi les composantes parallèles à l'axe des z et à l'axe des α sont :

$$\mathrm{f}\,\mu \frac{dV}{dz}, \qquad \mathrm{f}\,\mu \frac{dV}{d\alpha},$$

ce qu'on aurait pu d'ailleurs écrire immédiatement.

La condition qui sert à déterminer V, puisque le point attiré ne fait pas partie de la masse du corps attirant, est :

$$\frac{d^2V}{dx^2} + \frac{d^2V}{dy^2} + \frac{d^2V}{dz^2} = 0. \quad \ldots\ldots\ldots \quad (1)$$

Cette équation s'applique également à la limite aux points placés à la surface de l'anneau.

En remplaçant $\frac{dV}{dx}$, $\frac{dV}{dy}$ en fonction de $\frac{dV}{d\alpha}$, il vient :

$$\frac{d^2V}{dx^2}=\frac{d^2V}{d\alpha^2}\cdot\frac{x^2}{(C+\alpha)^2}+\frac{dV}{d\alpha}\left[\frac{1}{C+\alpha}-\frac{x^2}{(C+\alpha)^3}\right]$$

ou, puisque $(C+\alpha)^2-x^2=y^2$

$$\frac{d^2V}{dx^2}=\frac{d^2V}{d\alpha^2}\,\frac{x^2}{(C+\alpha)^2}+\frac{dV}{d\alpha}\,\frac{y^2}{(C+\alpha)^3}.$$

On trouve semblablement :

$$\frac{d^2V}{dy^2}=\frac{d^2V}{d\alpha^2}\,\frac{y^2}{(C+\alpha)^2}+\frac{dV}{d\alpha}\,\frac{x^2}{(C+\alpha)^2},$$

par suite,

$$\frac{d^2V}{dx^2}+\frac{d^2V}{dy^2}=\frac{d^2V}{d\alpha^2}+\frac{dV}{d\alpha}\,\frac{1}{C+\alpha}.$$

Mais d'après la figure de l'anneau, C est très grand par rapport à α et à z. On peut donc négliger $\frac{dV}{d\alpha}\,\frac{1}{C+\alpha}$, et l'on aura pour déterminer V l'équation aux différentielles partielles :

$$\frac{d^2V}{d\alpha^2}+\frac{d^2V}{dz^2}=0 \quad \ldots\ldots\ldots\ldots \quad (2)$$

C'est l'équation relative au cylindre, d'une longueur indéfinie, qui aurait pour section droite l'ellipse génératrice dont le plan passe par le point attiré. En assimilant l'anneau à ce cylindre, nous ne faisons que négliger les parties trop éloignées du point attiré et qui ont peu d'action sur lui.

L'intégrale générale de l'équation (2) est :

$$V=\varphi(\alpha+z\sqrt{-1})+\psi(\alpha-z\sqrt{-1}) \quad \ldots\ldots \quad (3)$$

φ et ψ étant des fonctions arbitraires que l'on déterminera par la connaissance de V et de $\frac{dV}{dz}$, pour $z=0$.

Or, pour $z=0$, $\frac{dV}{dz}=0$, car l'anneau étant symétrique par rapport au plan des xy, les points situés dans ce plan ne sont soumis à aucune attraction de la part de l'anneau. Soit de plus pour $z=0$, $V_0=f(\alpha)$, on aura :

$$f(\alpha)=\varphi(\alpha)+\psi(\alpha)$$

$$0=\varphi'(\alpha)-\psi'(\alpha).$$

De la dernière de ces relations, on tire :

$$\psi(\alpha) = \varphi(\alpha) + \text{constante}$$

par suite

$$\varphi(\alpha) = \frac{1}{2} f(\alpha) - \frac{1}{2} \text{ constante}$$

$$\psi(\alpha) = \frac{1}{2} f(\alpha) + \frac{1}{2} \text{ constante}$$

la constante disparaît dans la substitution et il reste :

$$V = \frac{1}{2}\left[f(\alpha + z\sqrt{-1}) + f(\alpha - z\sqrt{-1})\right]$$

On en tire

$$\frac{dV}{d\alpha} = \frac{1}{2}\left[f'(\alpha + z\sqrt{-1}) + f'(\alpha - z\sqrt{-1})\right] \quad . \quad . \quad . \quad (4)$$

$$\frac{dV}{dz} = \frac{1}{2}\sqrt{-1}\left[f'(\alpha + z\sqrt{-1}) - f'(\alpha - z\sqrt{-1})\right] \quad . \quad (5)$$

Ces valeurs montrent qu'il suffit de connaître $f'(\alpha)$ ou $\frac{dV_0}{d\alpha}$, c'est-à-dire la valeur de $\frac{dV}{d\alpha}$ pour $z = 0$.

Nous allons donc calculer cette quantité, et nous en concluerons les composantes de l'attraction de l'anneau.

---

§ 2. Calcul de $\frac{dV_0}{d\alpha}$.

Considérons l'élément de volume *dm* comme résultant de la rencontre des trois couples de surface :

1° deux surfaces cylindriques ayant pour axe l'axe des z ;

2° deux plans parallèles au plan des x, y ;

3° deux plans passant par l'axe des z ; les surfaces qui composent chaque couple étant infiniment voisines.

L'élément se trouve ainsi faire partie d'une circonférence dont le plan est parallèle au plan des xy, et dont le centre est sur l'axe des z.

Soit ζ la hauteur du centre de cette circonférence XY, au dessus de l'origine, ζ étant assujetti au signe comme les coordonnées z. Soit ε l'angle que fait le plan zOM passant par le point attiré M situé sur l'axe des α, avec le plan qui passe par le même axe des z et le point attirant m; de sorte, si on désigne par $C + \xi$ le rayon de la circonférence qui contient le point m ou l'élément dm, ξ étant assujetti au signe comme les coordonnées α, l'élément dm sera :

$$dm = (C + \xi)\, d\varepsilon\, d\xi\, d\zeta.$$

Pour évaluer de plus la distance $\delta = m$M,

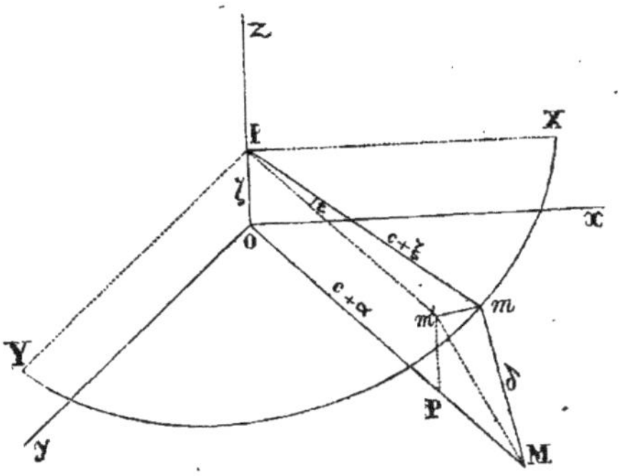

projetons le point m en m' sur le plan zOM, et abaissons l'ordonnée m'P du point m', on aura :

$$\delta^2 = \overline{mm'}^2 + \overline{m'M}^2 = \overline{mm'}^2 + \overline{m'P}^2 + \overline{MP}^2.$$

Or, d'après les notations précédentes,

$$mm' = (C + \xi) \sin \varepsilon, \quad m'P = \zeta, \quad MP = C + \alpha - (C + \xi) \cos \varepsilon$$

donc, réductions faites,

$$\delta^2 = (C + \xi)^2 + (C + \alpha)^2 - 2(C + \xi)(C + \alpha) \cos \varepsilon + \zeta^2$$

d'où il résulte

$$V_0 = \iiint \frac{(C + \xi)\, d\varepsilon\, d\xi\, d\zeta}{\sqrt{(C + \xi)^2 + (C + \alpha)^2 + \zeta^2 - 2(C + \xi)(C + \alpha) \cos \varepsilon}}$$

Comme les limites sont indépendantes de α, on peut dériver sous le signe $\iiint$, et l'on obtient :

$$\frac{dV_0}{d\alpha} = -\iiint \frac{(C+\xi)\,[C+\alpha-(C+\xi)\cos\varepsilon]\,d\varepsilon\,d\xi\,d\zeta}{\left[(C+\xi)^2+(C+\alpha)^2+\zeta^2-2(C+\xi)(C+\alpha)\cos\varepsilon\right]^{\frac{3}{2}}}.$$

Nous allons effectuer cette intégration en négligeant l'attraction des points éloignés du point attiré, et en tenant compte de la petitesse des dimensions de l'anneau par rapport à la distance C.

Remplaçons d'abord $\cos\varepsilon$ par $1-\frac{1}{2}\varepsilon^2$, ce qui revient à ne considérer que les petites valeurs de ε, ou à négliger l'action des points éloignés; mettons de plus le facteur C en évidence, et nous aurons :

$$\int \frac{C\left(1+\frac{\xi}{C}\right)\left[\alpha-\xi+C\left(1+\frac{\xi}{C}\right)\varepsilon^2\right]d\varepsilon}{\left[(\alpha-\xi)^2+\zeta^2+C^2\varepsilon^2\left(1+\frac{\xi}{C}\right)\left(1+\frac{\alpha}{C}\right)\right]^{\frac{3}{2}}}$$

Dans cette intégration, effectuée par rapport à ε, négligeons les quantités très petites $\frac{\xi}{C}$, $\frac{\alpha}{C}$, et mettons l'intégrale sous la forme

$$\int \frac{\frac{C\,d\varepsilon}{\sqrt{(\alpha-\xi)^2+\zeta^2}}\left[\frac{\alpha-\xi}{(\alpha-\xi)^2+\zeta^2}+\frac{C^2\varepsilon^2}{(\alpha-\xi)^2+\zeta^2}\cdot\frac{1}{C}\right]}{\left[1+\frac{C^2\varepsilon^2}{(\alpha-\xi)^2+\zeta^2}\right]^{\frac{3}{2}}},$$

Remarquons alors que C étant très grand par rapport à $\sqrt{(\alpha-\xi)^2+\zeta^2}$, son produit par ε, qui conserve toujours une valeur très petite, reste fini, et si l'on pose

$$\frac{C\varepsilon}{\sqrt{(\alpha-\xi)^2+\zeta^2}} = t,$$

on pourra remplacer la variable ε par t, négliger alors le terme $\frac{C^2\varepsilon^2}{(\alpha-\xi)^2+\zeta^2}\cdot\frac{1}{C}$ et il reste :

$$\frac{\alpha-\xi}{(\alpha-\xi)^2+\zeta^2}\int_{t_0}^{t_1}\frac{dt}{(1+t^2)^{\frac{3}{2}}} = \frac{\alpha-\xi}{(\alpha-\xi)^2+\zeta^2}\left[\frac{t}{(1+t^2)^{\frac{1}{2}}}\right]_{t_0}^{t_1}.$$

Seulement les limites $-\pi$, $+\pi$ de l'intégration par rapport à ε doivent être remplacées par $-\infty$ et $+\infty$. On a ainsi :

$$\left[\frac{t}{(1+t^2)^{\frac{1}{2}}}\right]_{-\infty}^{+\infty} = 2$$

et le résultat de la première intégration par rapport à ε, c'est-à-dire l'attraction d'une circonférence entière, a pour expression :

$$\frac{2(\alpha-\xi)}{(\alpha-\xi)^2+\zeta^2}.$$

Multiplions cette expression par $d\zeta$ et intégrons entre les limites $-z$ et $+z$, z étant l'ordonnée de l'ellipse qui correspond à l'abcisse ξ, on aura pour l'attraction d'une couche cylindrique infiniment mince :

$$\int_{-z}^{+z} \frac{2(\alpha-\xi)\,d\zeta}{(\alpha-\xi)^2+\zeta^2} = 4 \operatorname{arc\,tang} \frac{z}{\alpha-\xi}.$$

Il faut maintenant remplacer z par sa valeur :

$z = \frac{\sqrt{a^2-\xi^2}}{\lambda}$, le radical étant pris en valeur absolue, et nous aurons pour obtenir l'attraction totale, à calculer l'intégrale définie :

$$-4\int_{-a}^{+a} d\xi \operatorname{arc\,tang} \frac{\sqrt{a^2-\xi^2}}{\lambda(\alpha-\xi)}.$$

Pour fixer les idées dans la discussion à laquelle donne lieu cette intégration, nous supposerons d'abord α positif, et nous remarquerons que le point attiré étant nécessairement extérieur ou tout au plus à la surface de l'anneau, quand on suppose en outre que ce point est sur l'axe des α, α est $> a$, et par conséquent $\alpha-\xi$ est toujours positif.

Posons

$$\frac{\sqrt{a^2-\xi^2}}{\lambda(\alpha-\xi)} = u$$

u étant toujours positif entre les limites de l'intégration, et intégrons par partie.

Il vient :

$$\int d\xi \, arc \, tang \, u = \xi \, arc \, tang \, u - \int \xi \, \frac{du}{1+u^2}.$$

D'ailleurs, on tire de la relation précédente :

$$\xi = \frac{\alpha\lambda^2 u^2 \pm \sqrt{a^2 - (\alpha^2 - a^2)\lambda^2 u^2}}{1+\lambda^2 u^2},$$

nous aurons donc :

$$\int d\xi \, arc \, tang \, u = \xi \, arc \, tang \, u - \int \frac{\alpha \lambda^2 u^2}{(1+\lambda^2 u^2)(1+u^2)} du - \int \frac{\pm \sqrt{a^2-(\alpha^2-a^2)\lambda^2 u^2}}{(1+\lambda^2 u^2)(1+u^2)} du.$$

Effectuons la première intégrale elle donne :

$$\int \frac{\alpha \lambda^2 u^2}{(1+\lambda^2 u^2)(1+u^2)} du = \frac{\lambda\alpha}{1-\lambda^2} (arc \, tang \, \lambda u - \lambda \, arc \, tang \, u).$$

Mais les limites $\xi = -a$, $\xi = +a$ donnent toutes deux $u = 0$, par suite et puisque u est resté positif, $arc \, tang \, u = 0$ et $arc \, tang \, \lambda u = 0$.

Donc, les trois premiers termes donnent une somme nulle entre les limites de l'intégration, et il reste :

$$\frac{dV_0}{d\alpha} = 4 \int_{\xi=-a}^{\xi=+a} \frac{\pm \sqrt{a^2 - (\alpha^2 - a^2)\lambda^2 u^2}}{(1+\lambda^2 u^2)(1+u^2)} du.$$

Il faut d'abord distinguer quel signe on prendra pour le radical. A cet effet, remarquons qu'il s'annulle dans l'intervalle des limites, car la valeur $u^2 = \frac{a^2}{\lambda^2(\alpha^2 - a^2)}$ correspond à $\xi = \frac{a^2}{\alpha}$ valeur comprise entre $-a$ et $+a$, puisque α est $> a$.

Donc, de $\xi = -a$, à $\xi = \frac{a^2}{\alpha}$ on devra donner au radical le signe qui rend $\xi < \frac{a^2}{\alpha}$, et au contraire de $\xi = \frac{a^2}{\alpha}$, à $\xi = +a$, on lui donnera le signe qui rend $\xi > \frac{a^2}{\alpha}$. Or, il est facile de reconnaître que le signe $-$ satisfait dans le premier cas, et le signe $+$ dans le second.

On écrira donc :

$$\frac{dV_0}{d\alpha} = -4\int_{\xi=-a}^{\xi=\frac{a^2}{\alpha}} \frac{\sqrt{a^2-(\alpha^2-a^2)\lambda^2u^2}}{(1+\lambda^2u^2)(1+u^2)}\,du + 4\int_{\xi=\frac{a^2}{\alpha}}^{\xi=+a} \frac{\sqrt{a^2-(\alpha^2-a^2)\lambda^2u^2}}{(1+\lambda^2u^2)(1+u^2)}\,du.$$

Mais $\xi = -a$ et $\xi = +a$ donnent la même valeur de u, et on change le signe d'une intégrale définie en échangeant ses limites ; donc la seconde somme est égale à la première, et l'on a :

$$\frac{dV_0}{d\alpha} = -8\int_{\xi=-a}^{\xi=\frac{a^2}{\alpha}} \frac{\sqrt{a^2-(\alpha^2-a^2)\lambda^2u^2}}{(1+\lambda^2u^2)(1+u^2)}\,du.$$

Calculons d'abord l'intégrale indéfinie que nous mettrons sous la forme

$$a\int \frac{\sqrt{1-\left(\frac{\alpha^2}{a^2}-1\right)\lambda^2u^2}}{(1+\lambda^2u^2)(1+u^2)}\,du$$

ou, si l'on pose pour abréger : $k^2 = \lambda^2\left(\frac{\alpha^2}{a^2}-1\right)$

$$a\int \frac{\sqrt{1-k^2u^2}}{(1+\lambda^2u^2)(1+u^2)}\,du.$$

Rendons à cet effet l'élément rationnel, en faisant :

$$\sqrt{1-k^2u^2} = 1 - uv$$

et l'intégrale se transforme en celle-ci :

$$2a\int \frac{(k^2+v^2)(k^2-v^2)^2}{[(k^2+v^2)^2+4\lambda^2v^2][(k^2+v^2)^2+4v^2]}\,dv.$$

On décompose alors l'élément en fractions. En désignant par $-m^2$, $-m'^2$, $-n^2$, $-n'^2$ les racines que l'on obtient en égalant à zéro le dénominateur, savoir :

$$-m^2 = -\lambda^2\left(\frac{\alpha}{a}-1\right)^2,\quad -m'^2 = -\lambda^2\left(\frac{\alpha}{a}+1\right)^2,$$

$$-n^2 = -(\sqrt{1+k^2}-1)^2,\quad -n'^2 = -(\sqrt{1+k^2}+1)^2$$

on posera :

$$\frac{(k^2+v^2)(k^2-v^2)^2}{[(k^2+v^2)^2+4\lambda^2v^2][(k^2+v^2)^2+4v^2]}=\frac{A}{v^2+m^2}+\frac{A'}{v^2+m'^2}+\frac{B}{v^2+n^2}+\frac{B'}{v^2+n'^2}$$

et l'on en déduira, par la méthode ordinaire, les valeurs suivantes :

$$A=\frac{\lambda^2\frac{\alpha}{a}\left(\frac{\alpha}{a}-1\right)}{2(\lambda^2-1)},\quad A'=\frac{\lambda^2\frac{\alpha}{a}\left(\frac{\alpha}{a}+1\right)}{2(\lambda^2-1)},$$

$$B=-\frac{\sqrt{1+k^2}(\sqrt{1+k^2}-1)}{2(\lambda^2-1)},\quad B'=-\frac{\sqrt{1+k^2}(\sqrt{1+k^2}+1)}{2(\lambda^2-1)}.$$

Dès-lors il suffit d'intégrer des fractions simples, ce qui donne :

$$\frac{A}{m}\,arc\,tang\,\frac{v}{m}+\frac{A'}{m'}\,arc\,tang\,\frac{v}{m'}+\frac{B}{n}\,arc\,tang\,\frac{v}{n}+\frac{B'}{n'}\,arc\,tang\,\frac{v}{n'}$$

m, m', n, n', étant les valeurs absolues des racines de m^2, m'^2, etc.; mais

$$\frac{A}{m}=\frac{A'}{m'}=\frac{\lambda\frac{\alpha}{a}}{2(\lambda^2-1)}$$

$$\frac{B}{n}=\frac{B'}{n'}=-\frac{\sqrt{1+k^2}}{2(\lambda^2-1)}.$$

Si maintenant on veut passer de l'intégrale indéfinie à l'intégrale définie, on remarquera que les valeurs $\xi=-a$ $\xi=\frac{a^2}{\alpha}$ correspondent à $u=0$ $u=\frac{1}{k}$ et par suite à $v=0$ $v=k$, l'intégrale définie sera donc :

$$\frac{\lambda\frac{\alpha}{a}}{2(\lambda^2-1)}\left[arc\,tang\,\frac{k}{m}+arc\,tang\,\frac{k}{m'}\right]-\frac{\sqrt{1+k^2}}{2(\lambda^2-1)}\left[arc\,tang\,\frac{k}{n}+arc\,tang\,\frac{k}{n'}\right].$$

Or, on a aussi :

$$mm'=nn'=k^2;$$

donc $\frac{k}{m}\cdot\frac{k}{m'}=\frac{k}{n}\cdot\frac{k}{n'}=1$, et, par suite,

$$arc\,tang\,\frac{k}{m}+arc\,tang\,\frac{k}{m'}=arc\,tang\,\frac{k}{n}+arc\,tang\,\frac{k}{n'}=\frac{\pi}{2},$$

et en tenant compte du facteur $-16a$ d'abord négligé, on a enfin :

$$\frac{dV_0}{d\alpha} = -\frac{4\pi\lambda}{\lambda^2-1}\left[\alpha - \frac{\alpha}{\lambda}\sqrt{1+k^2}\right]$$

ou, en remplaçant k^2 par sa valeur,

$$\frac{dV_0}{d\alpha} = -\frac{4\pi\lambda}{\lambda^2-1}\left[\alpha - \sqrt{\alpha^2 - a^2\frac{\lambda^2-1}{\lambda^2}}\right].$$

On a supposé dans cette intégration que α était positif et la valeur de $\frac{dV_0}{d\alpha}$ est alors négative. On prévoit que $\frac{dV_0}{d\alpha}$ doit changer de signe avec α, et, en effet, en remplaçant dès le commencement du calcul α par $-\alpha'$, on est conduit à l'expression suivante :

$$\frac{dV_0}{d\alpha} = -\frac{4\pi\lambda}{\lambda^2-1}\left[-\alpha' + \sqrt{\alpha'^2 - a^2\frac{\lambda^2-1}{\lambda^2}}\right],$$

d'où l'on voit que la première expression sera générale, si l'on convient de changer le signe du radical quand α change de signe.

C'est, d'ailleurs, ce qu'on réalisera en écrivant l'expression de la manière suivante :

$$\frac{dV_0}{d\alpha} = -\frac{4\pi\lambda\alpha}{\lambda^2-1}\cdot\left(1 - \sqrt{1 - \frac{a^2}{\alpha^2}\cdot\frac{\lambda^2-1}{\lambda^2}}\right).$$

---

§ 3. — Calcul de $\frac{dV}{d\alpha}$, $\frac{dV}{dz}$.

D'après la valeur de $\frac{dV_0}{d\alpha}$ déjà désignée par $f'(\alpha)$, on a :

$$f'(\alpha + z\sqrt{-1}) = -\frac{4\pi\lambda}{\lambda^2-1}(\alpha + z\sqrt{-1})\left[1 - \sqrt{1 - \frac{a^2}{(\alpha+z\sqrt{-1})^2}\frac{\lambda^2-1}{\lambda^2}}\right]$$

Le radical peut se transformer ainsi :

$$\frac{\sqrt{(\alpha + z\sqrt{-1})^2 - a^2 + \frac{a^2}{\lambda^2}}}{\alpha + z\sqrt{-1}} = \frac{\sqrt{\alpha^2 - a^2 + \frac{a^2}{\lambda^2} - z^2 + 2\alpha z\sqrt{-1}}}{\alpha + z\sqrt{-1}};$$

mais puisque le point α, z est la surface de l'anneau, on a : $a^2 = \alpha^2 + \lambda^2 z^2$, et le radical devient :

$$\frac{\sqrt{-\lambda^2 z^2 + \frac{\alpha^2}{\lambda^2} + 2\alpha z\sqrt{-1}}}{\alpha + z\sqrt{-1}} = \frac{\frac{\alpha}{\lambda} + \lambda z\sqrt{-1}}{\alpha + z\sqrt{-1}} = \frac{\alpha + \lambda^2 z\sqrt{-1}}{\lambda(\alpha + z\sqrt{-1})}$$

et par suite

$$f'(\alpha + z\sqrt{-1}) = -\frac{4\pi}{\lambda^2 - 1}[\lambda\alpha - \alpha + \lambda z\sqrt{-1} - \lambda^2 z\sqrt{-1}]$$

$$= -\frac{4\pi}{\lambda + 1}[\alpha - \lambda z\sqrt{-1}].$$

On trouvera de même :

$$f'(\alpha - z\sqrt{-1}) = -\frac{4\pi}{\lambda + 1}[\alpha + \lambda z\sqrt{-1}];$$

d'où l'on conclut :

$$\frac{dV}{d\alpha} = -\frac{4\pi\alpha}{\lambda + 1}$$

$$\frac{dV}{dz} = -\frac{4\pi\lambda z}{\lambda + 1}.$$

Ce sont les formules données par Laplace.

II. — ATTRACTION DE LA PLANÈTE.

Soit M la masse de la planète, qui agit en vertu de sa sphéricité, comme un point matériel de même masse, placé en son centre, son attraction sur le point de masse μ, situé à la distance r, est : $\frac{f\mu M}{r^2}$.

Les composantes de cette attraction, parallèlement aux axes des α et des z, sont :

$$-\frac{f\mu M(C+\alpha)}{r^3}, \qquad -\frac{f\mu M z}{r^3}.$$

Si l'on a égard à la relation :

$$r^2 = (C+\alpha)^2 + z^2,$$

et que l'on néglige les carrés de $\frac{\alpha}{C}, \frac{z}{C}$, on trouve :

$$-\frac{f\mu M(C+\alpha)}{[(C+\alpha)^2+z^2]^{\frac{3}{2}}} = -f\mu M\frac{C-2\alpha}{C^3}$$

$$-\frac{f\mu M z}{[(C+\alpha)^2+z^2]^{\frac{3}{2}}} = -f\mu M\frac{z}{C^3}.$$

III. — FORCE CENTRIFUGE.

La force centrifuge sera parallèle à l'axe des α, puisqu'elle est à la fois dans le plan de l'ellipse génératrice et parallèle au plan des xy.

Si on désigne par ω la vitesse angulaire de rotation de l'anneau, vitesse constante, la force centrifuge aura donc pour expression :

$$\mu\omega^2(C+\alpha).$$

IV. CONDITIONS D'ÉQUILIBRE DE LA SURFACE D'UN ANNEAU.

Les deux composantes de la force qui agit sur chaque point α, z de la surface d'un anneau sont, d'après ce qui précède :

$$A = -\frac{4\pi\alpha}{\lambda+1} f\mu - M\frac{C-2\alpha}{C^3} f\mu + \omega^2(C+\alpha)\mu$$

$$Z = -\frac{4\pi\lambda z}{\lambda+1} f\mu - M\frac{z}{C^3} f\mu.$$

La résultante des forces A, Z doit être normale à la surface pour que celle-ci soit en équilibre, mais comme cette résultante est déjà située dans le plan de l'ellipse génératrice, normal lui-même à la surface, il suffit d'exprimer qu'elle est normale à cette ellipse.

On aura donc :

$\frac{A}{Z} = -\frac{dz}{d\alpha}$, dz et $d\alpha$ étant liés par la relation : $\frac{dz}{d\alpha} = -\frac{\alpha}{\lambda^2 z}$
que l'on tire de l'équation de l'ellipse.

On doit donc avoir, quels que soient α et z,

$$\left[\frac{-4\pi\alpha}{\lambda+1} - M\frac{C-2\alpha}{C^3} + \frac{\omega^2}{f}(C+\alpha)\right]\lambda^2 z = \left[\frac{-4\pi\lambda z}{\lambda+1} - M\frac{z}{C^3}\right]\alpha.$$

Or, en simplifiant, z s'élimine, et il reste :

$$-\frac{4\pi\lambda^2\alpha}{\lambda+1} - M\lambda^2\frac{C-2\alpha}{C^3} + \frac{\omega^2\lambda^2}{f}(C+\alpha) = -\frac{4\pi\lambda\alpha}{\lambda+1} - M\frac{\alpha}{C^3},$$

ce qui donne les deux conditions :

$$\frac{4\pi\lambda(\lambda-1)}{\lambda+1} - \frac{M}{C^3}(2\lambda^2+1) - \frac{\omega^2\lambda^2}{f} = 0$$

$$\frac{M\lambda^2}{C^2} - \frac{C\omega^2\lambda^2}{f} = 0.$$

La seconde de ces équations fait connaître la vitesse de rotation de l'anneau ;

$$\omega^2 = \frac{fM}{C^3}.$$

On voit qu'elle est la même que celle d'un satellite situé à la distance C de la planète, car on aurait, en négligeant la masse du satellite par rapport à celle de la planète, pour le temps T de la révolution de ce satellite :

$$T\sqrt{\frac{fM}{C^3}} = 2\pi \quad \text{d'où}$$

$$\left(\frac{2\pi}{T}\right)^2 = \frac{fM}{C^3}.$$

Connaissant M et C, on pourra donc déterminer le temps T de la révolution de l'anneau, ou réciproquement connaissant ce temps, déterminer $\frac{M}{C^3}$.

D'après la valeur de ω^2, la première équation devient :

$$\frac{M}{4\pi C^3} = \frac{\lambda(\lambda - 1)}{(\lambda + 1)(3\lambda^2 + 1)}.$$

Cette dernière équation déterminera λ, c'est-à-dire l'inverse de l'épaisseur de l'anneau par rapport à sa largeur, si l'on donne $\frac{M}{C^3}$, ou réciproquement.

Le problème le plus intéressant consiste à déterminer la densité de l'anneau.

Il faut se rappeler que la densité de l'anneau a été prise pour unité, de sorte qu'en appelant ρ le rapport de la densité de Saturne à celle de l'anneau, on a, R étant le rayon de Saturne,

$$M = \frac{4}{3}\pi\rho R^3 \quad \text{et par suite :}$$

$$\frac{M}{C^3} = \frac{4}{3}\pi\rho\frac{R^3}{C^3}, \quad \text{et} \quad \frac{M}{4\pi C^3} = \frac{1}{3}\rho\frac{R^3}{C^3}.$$

On a donc :

$$\frac{1}{3}\rho\frac{R^3}{C^3} = \frac{\lambda(\lambda - 1)}{(\lambda + 1)(3\lambda^2 + 1)}.$$

Ainsi, connaissant expérimentalement λ et $\frac{R}{C}$, on pourra déduire de cette relation la valeur de ρ.

Nous allons discuter les valeurs possibles de λ.

On voit d'abord que λ doit être > 1. Ainsi, l'épaisseur des anneaux est moindre que leur largeur, ce qui est conforme à notre hypothèse; de plus, si l'on construit la courbe

$$y = \frac{\lambda(\lambda - 1)}{(\lambda + 1)(3\lambda^2 + 1)}$$

dans laquelle λ serait l'abcisse et y l'ordonnée, et en ne considérant que la partie correspondante aux abcisses positives et > 1, on reconnaît que y est susceptible d'un maximum. La valeur de λ est donnée en égalant à zéro $\frac{dy}{d\lambda}$, savoir :

$$\frac{dy}{d\lambda} = \frac{-3\lambda^4 + 6\lambda^3 + 4\lambda^2 + 2\lambda - 1}{(\lambda + 1)^2 (3\lambda^2 + 1)^2},$$

Le maximum correspond donc à la valeur de λ positive et plus grande que 1, qui annulle le numérateur de cette expression. On trouve pour cette valeur approchée à moins d'un millième, $\lambda = 2,594$ d'où $y = 0,0543026$.

Cette valeur de y fait connaître la plus grande valeur de ρ ou la plus petite densité de l'anneau.

D'ailleurs λ peut croître sans limite ; mais y diminue alors jusqu'à zéro, de sorte que la densité serait d'autant plus grande que l'anneau serait plus mince.

Or, l'expérience démontre que la densité des anneaux est d'autant plus faible qu'ils sont plus rapprochés de la planète, c'est-à-dire que ρ augmente en même temps que $\frac{R}{C}$, il faut donc supposer que y augmente en même temps ou que les anneaux intérieurs sont plus épais que les anneaux extérieurs.

Il existe, d'ailleurs, pour une même valeur de ρ et de $\frac{R}{C}$, deux valeurs de λ positives et plus grandes que 1, on pourra prendre celle qui conviendra le mieux.

V. — INSTABILITÉ DE L'ÉQUILIBRE.

Nous venons de démontrer qu'en tenant compte de l'attraction de Saturne et des anneaux eux-mêmes, ces anneaux pouvaient être des solides de révolution concentriques avec la planète. Mais en dehors du système sont des causes de perturbations, telles que les attractions des satellites ou des autres planètes. Ces causes déplaceraient donc incessamment le centre des anneaux ; or, nous allons faire voir que si le centre des anneaux cessait de coïncider avec le centre de Saturne, les forces du système lui-même tendraient à l'en éloigner de plus en plus, d'où il résulterait que les anneaux tomberaient sur la Planète.

Laplace a démontré ce théorème analytiquement; mais on peut y parvenir très-simplement par des considérations géométriques.

Regardons, en effet, les anneaux, vu leur petite épaisseur, comme composés d'une série de circonférences concentriques, et examinons l'action de la Planète sur l'une de ces circonférences, si le centre de celle-ci cessait de coïncider avec le point attirant.

Partageons l'anneau en deux segments par une perpendiculaire menée, du point attirant, à la ligne qui le joint au centre de l'anneau, et considérons deux éléments dm, dm' de ces deux parties, lesquels, joints au point attirant, déterminent deux angles opposés au sommet. Soient r et r' les distances de ces éléments à ce point; r étant toujours plus grand que r', le rapport des attractions que subissent ces deux éléments, en prenant pour numérateur celle qui se rapporte au plus petit segment, est $\frac{dm'}{dm} \frac{r^2}{r'^2}$. Or $\frac{dm'}{dm} = \frac{r'}{r}$. Ce rapport est donc égal à $\frac{r}{r'}$, c'est-à-dire plus grand que 1. Donc la résultante des actions sur le plus petit segment est plus grande que la résultante des actions sur le plus grand segment. D'ailleurs ces deux forces sont appliquées en sens contraire sur la ligne diamétrale; ainsi elles se composeront en une seule, dirigée suivant cette ligne et vers le plus grand segment.

Cette force tend donc à éloigner de plus en plus le centre de l'anneau du centre de la Planète, et, par conséquent, à amener les deux corps au contact.

La matière des anneaux étant fluide, elle devra se répartir de manière à ramener le centre de l'anneau à coïncider avec celui de la planète; l'anneau s'étant rapproché de la planète, on conçoit que s'il se transforme en une nouvelle circonférence, ayant pour centre le centre de la planète, ce ne peut être que par une diminution de son diamètre.

Nous sommes ainsi conduits aux résultats que vérifie l'expérience et desquels on a conclu que dans un temps peu éloigné le système des anneaux viendra en contact avec la Planète.

Vu et approuvé,

Paris, le 29 avril 1851.

LE DOYEN DE LA FACULTÉ DES SCIENCES,

MILNE-EDWARDS.

Permis d'imprimer,

LE RECTEUR DE L'ACADÉMIE DE LA SEINE,

CAYX.